■建筑工程常用公式与数据速查手册系列丛书

高层建筑常用公式与数据速查手册

GAOCENG JIANZHU CHANGYONG GONGSHI YU SHUJU SUCHA SHOUCE

张立国 主编

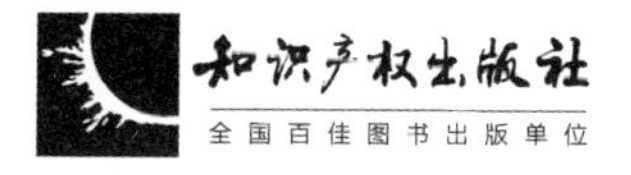

本书编写组

主　编　张立国

参　编　于　涛　王丽娟　成育芳　刘艳君

孙丽娜　何　影　李守巨　李春娜

张　军　赵　慧　陶红梅　夏　欣

前　　言

改革开放以来，经济不断发展，城市不断扩张，城市的土地资源日益稀缺，高层建筑在城市建设大潮中不断涌出。高层建筑为群众带来了更多的工作生活的使用空间，带来了更多的绿地，也带来了丰富的城市规划，使得城市越来越美。同时建筑设计也向着环保、科技、人性化的方向快速发展，环保、以人为本的设计成为高层建筑设计发展的一大趋势。

高层建筑设计人员，除了要有优良的设计理念之外，还应该有丰富的设计、技术、安全等工作经验，掌握大量高层建筑常用的计算公式及数据，但由于资料来源庞杂繁复，使人们经常难以寻找到所需要的材料。在这种情况下，广大从事高层建筑设计的人员迫切需要一本系统、全面、有效地囊括高层建筑常用计算公式与数据的参考书作为参考和指导。基于以上原因，我们组织相关技术人员，依据国家最新颁布的《高层建筑混凝土结构技术规程》(JGJ 3—2010)、《高层建筑筏形与箱形基础技术规范》(JGJ 6—2011) 等标准规范，组织编写了本书。

本书共分为七章，包括：高层建筑结构设计基本规定、高层建筑结构荷载和地震作用、高层框架与剪力墙结构设计、筒体结构设计、复杂高层建筑结构设计、混合结构设计、高层建筑基础设计等。本书对规范公式的重新编排，主要包括参数的含义，上下限表识，公式相关性等。重新编排后计算公式的相关内容一目了然，既方便设计人员查阅，亦可用于相关专业考生平时练习使用。本书是以最新的主要规程、规范、标准以及常用设计数据资料为依据，保证本手册数据的准确性及权威性，读者可放心使用。本书可供高层建筑设计人员、施工人员及相关专业大中专院校的师生学习查阅。

由于编者经验、理论水平有限，编写时间仓促，难免有疏漏、不足之处，敬请广大读者给予批评、指正。

编　者

2014.05

目　录

1　高层建筑结构设计基本规定…… 1
1.1　公式速查…… 2
1.1.1　高层建筑相邻楼层侧向刚度比的计算…… 2
1.1.2　结构薄弱层层间弹塑性位移的计算…… 2
1.1.3　人行走引起的楼盖振动峰值加速度的计算…… 2
1.1.4　高层建筑结构构件承载力的验算…… 3
1.1.5　不同抗震性能水准的结构设计…… 3
1.1.6　抗连续倒塌的拆除构件剩余结构构件承载力的计算…… 5
1.2　数据速查…… 6
1.2.1　A 级高度钢筋混凝土高层建筑的最大适用高度…… 6
1.2.2　B 级高度钢筋混凝土高层建筑的最大适用高度…… 6
1.2.3　钢筋混凝土高层建筑结构适用的最大高宽比…… 7
1.2.4　平面尺寸及突出部位尺寸的比值限值…… 7
1.2.5　高层建筑结构伸缩缝的最大间距…… 7
1.2.6　楼层层间最大位移与层高之比的限值…… 7
1.2.7　结构薄弱层层间弹塑性位移角限值…… 8
1.2.8　结构顶点风振加速度限值…… 8
1.2.9　楼盖竖向振动加速度限值…… 9
1.2.10　人行走作用力及楼盖结构阻尼比…… 9
1.2.11　钢筋混凝土构件的承载力抗震调整系数…… 9
1.2.12　A 级高度的高层建筑结构抗震等级…… 9
1.2.13　B 级高度的高层建筑结构抗震等级…… 10
1.2.14　结构抗震性能目标…… 11
1.2.15　各性能水准结构预期的震后性能状况…… 11
2　高层建筑结构荷载和地震作用…… 13
2.1　公式速查…… 14
2.1.1　风荷载标准值的计算…… 14
2.1.2　圆形截面结构横风向风振等效风荷载标准值的计算…… 15
2.1.3　矩形截面高层建筑横风向风振等效风荷载标准值的计算…… 16

2.1.4 矩形截面高层建筑扭转风振等效风荷载标准值的计算 …………………… 19
2.1.5 高层建筑顺风向风振加速度的计算 …………………………………… 20
2.1.6 高层建筑横风向风振加速度的计算 …………………………………… 21
2.1.7 质心沿垂直于地震作用方向的偏称值的计算 ……………………… 22
2.1.8 地震影响系数曲线的形状参数和阻尼调整 ………………………… 22
2.1.9 采用振型分解反应谱方法进行地震作用和作用效应的计算 ……… 23
2.1.10 采用扭转耦联振型分解法进行地震作用和作用效应的计算……… 24
2.1.11 采用底部剪力法进行地震作用和作用效应的计算………………… 25
2.1.12 结构各楼层对应于地震作用标准值的剪力的计算………………… 26
2.1.13 竖向地震作用标准值的计算………………………………………… 26
2.2 数据速查 ……………………………………………………………… 27
2.2.1 常用材料和构件的自重 ……………………………………………… 27
2.2.2 民用建筑楼面均布活荷载标准值及其组合值系数、频遇值系数
和准永久值系数 ……………………………………………………… 40
2.2.3 活荷载按楼层的折减系数 …………………………………………… 41
2.2.4 屋面均布活荷载标准值及其组合值系数、频遇值系数和准永久值
系数 …………………………………………………………………… 41
2.2.5 局部荷载标准值及其作用面积 ……………………………………… 42
2.2.6 全国各城市的雪压、风压和基本气温 ……………………………… 42
2.2.7 屋面积雪分布系数 …………………………………………………… 64
2.2.8 风压高度变化系数 …………………………………………………… 67
2.2.9 风荷载体型系数 ……………………………………………………… 67
2.2.10 围护结构（包括门窗）风荷载时的阵风系数……………………… 71
2.2.11 高耸结构的振型系数………………………………………………… 72
2.2.12 高层建筑的振型系数………………………………………………… 73
2.2.13 高耸结构的第1振型系数…………………………………………… 73
2.2.14 横风向广义风力功率谱的角沿修正系数…………………………… 74
2.2.15 顺风向风振加速度的脉动系数……………………………………… 74
2.2.16 顶部附加地震作用系数……………………………………………… 75
2.2.17 采用时程分析法的高层建筑结构…………………………………… 75
2.2.18 时程分析时输入地震加速度的最大值……………………………… 76
2.2.19 水平地震影响系数最大值…………………………………………… 76
2.2.20 建筑结构特征周期值………………………………………………… 76
2.2.21 楼层最小地震剪力系数值…………………………………………… 76
2.2.22 竖向地震作用系数…………………………………………………… 77

2.2.23 突出屋面房屋地震作用增大系数 …… 77

3 高层框架与剪力墙结构设计 …… 79

3.1 公式速查 …… 80

3.1.1 水平加腋梁尺寸的计算 …… 80

3.1.2 框架的梁、柱节点处考虑地震作用组合的柱端弯矩设计值计算 …… 80

3.1.3 抗震设计的框架柱、框支柱端部截面的剪力设计值计算 …… 81

3.1.4 抗震设计时框架梁端部截面组合的剪力设计值计算 …… 81

3.1.5 框架梁、柱受剪截面受剪设计值计算 …… 82

3.1.6 矩形截面偏心受压框架柱的斜截面受剪承载力计算 …… 83

3.1.7 矩形截面框架柱出现拉力时的斜截面受剪承载力计算 …… 83

3.1.8 柱箍筋加密区箍筋的体积配箍率计算 …… 84

3.1.9 非抗震设计时受拉钢筋搭接长度的计算 …… 84

3.1.10 底部加强部位剪力墙截面的剪力设计值计算 …… 84

3.1.11 剪力墙墙肢的稳定要求 …… 85

3.1.12 剪力墙墙肢截面剪力设计值计算 …… 86

3.1.13 矩形、T形、I形偏心受压剪力墙墙肢的正截面受压承载力计算 …… 87

3.1.14 矩形截面偏心受拉剪力墙的正截面受拉承载力计算 …… 88

3.1.15 偏心受压剪力墙的斜截面受剪承载力计算 …… 89

3.1.16 偏心受拉剪力墙的斜截面受剪承载力计算 …… 89

3.1.17 抗震等级为一级的剪力墙水平施工缝剪力设计值计算 …… 90

3.1.18 剪力墙的约束边缘构件体积配箍率计算 …… 90

3.1.19 连梁两端截面的剪力设计值计算 …… 91

3.1.20 连梁截面的剪力设计值计算 …… 91

3.1.21 连梁斜截面受剪承载力的计算 …… 92

3.2 数据速查 …… 92

3.2.1 梁纵向受拉钢筋最小配筋百分率 …… 92

3.2.2 梁端箍筋加密区的长度、箍筋最大间距和最小直径 …… 92

3.2.3 非抗震设计梁箍筋最大间距 …… 93

3.2.4 柱轴压比限值 …… 93

3.2.5 柱纵向受力钢筋最小配筋百分率 …… 94

3.2.6 柱端箍筋加密区的构造要求 …… 94

3.2.7 柱端箍筋加密区最小配箍特征值 …… 94

3.2.8 纵向受拉钢筋搭接长度修正系数 …… 95

3.2.9 暗柱、扶壁柱纵向钢筋的构造配筋率 …… 95

3.2.10　剪力墙墙肢轴压比限值…… 95
3.2.11　剪力墙可不设约束边缘构件的最大轴压比…… 95
3.2.12　剪力墙约束边缘构件沿墙肢的长度及其配箍特征值…… 95
3.2.13　剪力墙构造边缘构件的最小配筋要求…… 96
3.2.14　跨高比不大于1.5的连梁纵向钢筋的最小配筋率…… 97
3.2.15　连梁纵向钢筋的最大配筋率…… 97
3.2.16　剪力墙间距…… 97
3.2.17　双向无梁板厚度与长跨的最小比值…… 97
4　筒体结构设计 …… 99
4.1　公式速查…… 100
4.1.1　外框筒梁和内筒连梁剪力设计值的计算…… 100
4.1.2　梁内交叉暗撑的总面积的计算…… 100
4.2　数据速查…… 101
4.2.1　筒体结构适用高度…… 101
4.2.2　A级高度框架一核心筒结构抗震等级 …… 101
4.2.3　B级高度框架一核心筒结构抗震等级 …… 102
4.2.4　A、B级高度筒中筒结构抗震等级 …… 102
4.2.5　框筒受力性能与梁、柱截面形状的关系比较…… 103
5　复杂高层建筑结构设计…… 105
5.1　公式速查…… 106
5.1.1　转换层与其相邻上层结构的等效剪切刚度比的计算…… 106
5.1.2　转换层下部结构与上部结构的等效侧向刚度比的计算…… 106
5.1.3　转换梁、转换柱截面组合剪力设计值的计算…… 107
5.1.4　框支梁上部一层墙体配筋的校核…… 107
5.1.5　抗震设计的矩形平面建筑框支转换层楼板的截面剪力设计值的计算…… 108
5.1.6　斜杆桁架层受压斜腹杆轴压比的计算…… 108
5.1.7　空腹桁架腹杆剪压比的计算…… 109
5.2　数据速查…… 109
5.2.1　桁架受压斜腹杆的轴压比值…… 109
5.2.2　空腹桁架腹杆剪压比限值…… 109
6　混合结构设计…… 111
6.1　公式速查…… 112
6.1.1　型钢混凝土构件、钢管混凝土柱的刚度的计算…… 112

6.1.2　型钢混凝土柱轴压比的计算…………………………………… 112
6.1.3　型钢混凝土柱箍筋最小体积配箍率的计算…………………… 112
6.1.4　钢管混凝土单肢柱轴向受压承载力的计算…………………… 112
6.1.5　钢管混凝土单肢柱横向受剪承载力设计值的计算…………… 115
6.1.6　钢管混凝土局部受压承载力的计算…………………………… 115
6.1.7　钢板混凝土剪力墙的受剪承载力设计值的计算……………… 117
6.1.8　钢板混凝土剪力墙偏心受压时斜截面的受剪承载力设计值的计算…………………………………………………………… 118
6.1.9　型钢混凝土剪力墙、钢板混凝土剪力墙墙肢轴压比的计算………… 119
6.2　数据速查………………………………………………………… 119
6.2.1　混合结构高层建筑适用的最大高度…………………………… 119
6.2.2　混合结构高层建筑适用的最大高宽比………………………… 120
6.2.3　钢一混凝土混合结构抗震等级………………………………… 120
6.2.4　型钢（钢管）混凝土构件承载力抗震调整系数……………… 120
6.2.5　钢构件承载力抗震调整系数…………………………………… 120
6.2.6　型钢板件宽厚比限值…………………………………………… 121
6.2.7　型钢混凝土梁箍筋直径和间距………………………………… 121
6.2.8　型钢混凝土柱的轴压比限值…………………………………… 121
6.2.9　型钢混凝土柱箍筋直径和间距………………………………… 122
6.2.10　与混凝土强度等级有关的系数、套箍指标界限值 ……… 122
6.2.11　矩形钢管混凝土柱轴压比限值 …………………………… 122
7　高层建筑基础设计…………………………………………………… 123
7.1　公式速查………………………………………………………… 124
7.1.1　基础底面压力的计算…………………………………………… 124
7.1.2　地基抗震承载力计算…………………………………………… 125
7.1.3　地基最终变形量的计算………………………………………… 125
7.1.4　地基变形深度的计算…………………………………………… 126
7.1.5　箱形和筏形基础的最终变形量的计算………………………… 126
7.1.6　地基土回弹变形量的计算……………………………………… 127
7.1.7　柱下独立基础受冲切承载力的计算…………………………… 127
7.1.8　柱与基础交接处截面受剪承载力的验算……………………… 128
7.1.9　柱下矩形独立基础任意截面的底板弯矩设计值的计算……… 129
7.1.10　高层建筑筏形基础偏心距的计算 ………………………… 130
7.1.11　平板式筏基柱下冲切验算 ………………………………… 130
7.1.12　柱、墙、核心筒群桩中基桩或复合基桩的桩顶作用效应计算 …… 134

7.1.13 桩基竖向承载力的计算 …… 135
7.1.14 单桩竖向承载力特征值的计算 …… 135
7.1.15 考虑承台效应的复合基桩竖向承载力特征值的计算 …… 136
7.1.16 根据单桥探头静力触探资料确定混凝土预制桩单桩竖向极限承载力标准值 …… 136
7.1.17 根据双桥探头静力触探资料确定混凝土预制桩单桩竖向极限承载力标准值 …… 137
7.1.18 根据土的物理指标与承载力参数之间的经验关系确定单桩竖向极限承载力标准值 …… 138
7.1.19 根据土的物理指标与承载力参数之间的经验关系确定大直径单桩极限承载力标准值 …… 138
7.1.20 根据土的物理指标与承载力参数之间的经验关系确定钢管桩单桩竖向极限承载力标准值 …… 139
7.1.21 根据土的物理指标与承载力参数之间的经验关系确定敞口预应力混凝土空心桩单桩竖向极限承载力标准值 …… 139
7.1.22 根据岩石单轴抗压强度确定单桩竖向极限承载力标准值 …… 140
7.1.23 后注浆灌注桩单桩极限承载力标准值的计算 …… 141
7.1.24 箱形基础底板截面有效厚度的计算 …… 141
7.2 数据速查 …… 142
7.2.1 地基抗震承载力调整系数 …… 142
7.2.2 基础宽度和埋置深度的地基承载力修正系数 …… 143
7.2.3 沉降计算经验系数 …… 143
7.2.4 矩形面积上均布荷载作用下角点附加应力 …… 143
7.2.5 矩形面积上均布荷载作用下角点的平均附加应力系数 …… 145
7.2.6 矩形面积上三角形分布荷载作用下的附加应力系数与平均附加应力系数 …… 147
7.2.7 圆形面积上均布荷载作用下中点的附加应力系数与平均附加应力系数 …… 151
7.2.8 圆形面积上三角形分布荷载作用下边点的附加应力系数与平均附加应力系数 …… 152
7.2.9 地基变形计算深度 …… 153
7.2.10 按 E_0 计算沉降时的 δ 系数 …… 154
7.2.11 承台效应系数 …… 155
7.2.12 桩端阻力修正系数 …… 155
7.2.13 桩的极限侧阻力标准值 …… 155

7.2.14 桩的极限端阻力标准值 …… 156
7.2.15 干作业挖孔桩极限端阻力标准值 …… 158
7.2.16 大直径灌注桩侧阻力尺寸效应系数和端阻力尺寸效应系数 …… 158
7.2.17 桩嵌岩段侧阻和端阻综合系数 …… 158
7.2.18 后注浆侧阻力增强系数和端阻力增强系数 …… 159
7.2.19 地基反力系数表 …… 159

主要参考文献 …… 163

1

高层建筑结构设计基本规定

1.1 公式速查

1.1.1 高层建筑相邻楼层侧向刚度比的计算

抗震设计时，高层建筑相邻楼层的侧向刚度变化应符合下列规定。

（1）对框架结构，楼层与其相邻上层的侧向刚度比 γ_1 可按下式计算，且本层与相邻上层的比值不宜小于 0.7，与相邻上部三层刚度平均值的比值不宜小于 0.8。

$$\gamma_1=\frac{V_i\Delta_{i+1}}{V_{i+1}\Delta_i}$$

式中 γ_1——楼层侧向刚度比；

V_i、V_{i+1}——第 i 层和第 $i+1$ 层的地震剪力标准值（kN）；

Δ_i、Δ_{i+1}——第 i 层和第 $i+1$ 层在地震作用标准值作用下的层间位移（m）。

（2）对框架-剪力墙、板柱-剪力墙结构、剪力墙结构、框架-核心筒结构、筒中筒结构，楼层与其相邻上层的侧向刚度比 γ_2 可按下式计算，且本层与相邻上层的比值不宜小于 0.9；当本层层高大于相邻上层层高的 1.5 倍时，该比值不宜小于 1.1；对结构底部嵌固层，该比值不宜小于 1.5。

$$\gamma_2=\frac{V_i\Delta_{i+1}}{V_{i+1}\Delta_i}\frac{h_i}{h_{i+1}}$$

式中 γ_2——考虑层高修正的楼层侧向刚度比；

V_i、V_{i+1}——第 i 层和第 $i+1$ 层的地震剪力标准值（kN）；

Δ_i、Δ_{i+1}——第 i 层和第 $i+1$ 层在地震作用标准值作用下的层间位移（m）；

h_i、h_{i+1}——第 i 层和第 $i+1$ 层的层高。

1.1.2 结构薄弱层层间弹塑性位移的计算

结构薄弱层（部位）层间弹塑性位移应符合下式规定：

$$\Delta u_p\leqslant[\theta_p]h$$

式中 Δu_p——层间弹塑性位移；

$[\theta_p]$——层间弹塑性位移角限值，可按表 1-7（1.2.7 节）采用；对框架结构，当轴压比小于 0.4 时，可提高 10%；当柱子全高的箍筋构造采用比框架柱箍筋最小配箍特征值大 30%时，可提高 20%，但累计提高不宜超过 25%；

h——层高。

1.1.3 人行走引起的楼盖振动峰值加速度的计算

人行走引起的楼盖振动峰值加速度可按下列公式近似计算：

$$a_p=\frac{F_p}{\beta w}g$$

$$F_p = p_0 e^{-0.35 f_n}$$

$$w = \overline{w} BL$$

$$B = CL$$

式中 a_p——楼盖振动峰值加速度（m/s^2）；

F_p——接近楼盖结构自振频率时人行走产生的作用力（kN）；

β——楼盖结构阻尼比，按表1-10采用；

w——楼盖结构阻抗有效重力（kN）；

g——重力加速度，取$9.8m/s^2$；

p_0——人们行走产生的作用力（kN），按表1-10采用；

f_n——楼盖结构竖向自振频率（Hz）；

$\overline{w}$——楼盖单位面积有效重力（kN/m^2），取恒载和有效分布活荷载之和。楼层有效分布活荷载：对办公建筑可取$0.55kN/m^2$，对住宅可取$0.3kN/m^2$；

B——楼盖阻抗有效质量的分布宽度（m）；

L——梁跨度（m）；

C——垂直于梁跨度方向的楼盖受弯连续性影响系数，对边梁取1，对中间梁取2。

1.1.4 高层建筑结构构件承载力的验算

高层建筑结构构件的承载力应按下列公式验算：

持久设计状况、短暂设计状况：

$$\gamma_0 S_d \leqslant R_d$$

地震设计状况：

$$S_d \leqslant R_d / \gamma_{RE}$$

式中 γ_0——结构重要性系数，对安全等级为一级的结构构件不应小于1.1，对安全等级为二级的结构构件不应小于1.0；

S_d——构件承载力设计值；

R_d——作用组合的效应设计值；

γ_{RE}——构件承载力抗震调整系数。

1.1.5 不同抗震性能水准的结构设计

不同抗震性能水准的结构可按下列规定进行设计。

（1）第1性能水准的结构，应满足弹性设计要求。在多遇地震作用下，其承载力和变形应符合本规程的有关规定；在设防烈度地震作用下，结构构件的抗震承载力应符合下式规定：

$$\gamma_G S_{GE} + \gamma_{Eh} S_{Ehk}^* + \gamma_{Ev} S_{Evk}^* \leqslant \frac{R_d}{\gamma_{RE}}$$

式中　R_d——构件承载力设计值；

γ_{RE}——构件承载力抗震调整系数；

γ_G——重力荷载分项系数；

S_{GE}——重力荷载代表值的效应；

γ_{Eh}——水平地震作用分项系数；

S_{Ehk}^*——水平地震作用标准值的构件内力，不需考虑与抗震等级有关的增大系数；

γ_{Ev}——竖向地震作用分项系数；

S_{Evk}^*——竖向地震作用标准值的构件内力，不需考虑与抗震等级有关的增大系数。

（2）第2性能水准的结构，在设防烈度地震或预估的罕遇地震作用下，关键构件及普通竖向构件的抗震承载力宜符合上式的规定；耗能构件的受剪承载力宜符合上式的规定，其正截面承载力应符合下式规定：

$$S_{GE} + S_{Ehk}^* + 0.4S_{Evk}^* \leqslant R_k$$

式中　R_k——截面承载力标准值，按材料强度标准值计算；

S_{GE}——重力荷载代表值的效应；

S_{Ehk}^*——水平地震作用标准值的构件内力，不需考虑与抗震等级有关的增大系数；

S_{Evk}^*——竖向地震作用标准值的构件内力，不需考虑与抗震等级有关的增大系数。

（3）第3性能水准的结构应进行弹塑性计算分析。在设防烈度地震或预估的罕遇地震作用下，关键构件及普通竖向构件的正截面承载力应符合（2）中式的规定，水平长悬臂结构和大跨度结构中的关键构件正截面承载力尚应符合下式的规定，其受剪承载力宜符合（1）中式的规定；部分耗能构件进入屈服阶段，但其受剪承载力应符合（2）中式的规定。在预估的罕遇地震作用下，结构薄弱部位的层间位移角应满足《高层建筑混凝土结构技术规程》（JGJ 3—2010）第3.7.5条的规定。

$$S_{GE} + 0.4S_{Ehk}^* + S_{Evk}^* \leqslant R_k$$

式中　R_k——截面承载力标准值，按材料强度标准值计算；

S_{GE}——重力荷载代表值的效应；

S_{Ehk}^*——水平地震作用标准值的构件内力，不需考虑与抗震等级有关的增大系数；

S_{Evk}^*——竖向地震作用标准值的构件内力，不需考虑与抗震等级有关的增大系数。

（4）第4性能水准的结构应进行弹塑性计算分析。在设防烈度或预估的罕遇地震作用下，关键构件的抗震承载力应符合（2）中式的规定，水平长悬臂结构和大跨度结构中的关键构件正截面承载力尚应符合（3）中式的规定；部分竖向构件以及大部分耗能构件进入屈服阶段，但钢筋混凝土竖向构件的受剪截面应符合下式的规定，钢—混凝土组合剪力墙的受剪截面应符合下式的规定。在预估的罕遇地震作用下，结构薄弱部位的层间位移角应符合《高层建筑混凝土结构技术规程》（JGJ 3—2010）第3.7.5条的规定。

$$V_{GE}+V_{Ek}^{*}\leqslant 0.15f_{ck}bh_0$$

$$(V_{GE}+V_{Ek}^{*})-(0.25f_{ak}A_a+0.5f_{spk}A_{sp})\leqslant 0.15f_{ck}bh_0$$

式中 V_{GE}——重力荷载代表值作用下的构件剪力（N）；

V_{Ek}^{*}——地震作用标准值的构件剪力（N），不需考虑与抗震等级有关的增大系数；

f_{ck}——混凝土轴心拉压强度标准值（N/mm^2）；

h_0——截面有效高度；

b——矩形截面宽度；

f_{ak}——剪力墙端部暗柱中型钢的强度标准值（N/mm^2）；

A_a——剪力墙端部暗柱中型钢的截面面积（m^2）；

f_{spk}——剪力墙墙内钢板的强度标准值（N/mm^2）；

A_{sp}——剪力墙墙内钢板的横截面面积（m^2）。

1.1.6 抗连续倒塌的拆除构件剩余结构构件承载力的计算

剩余结构构件承载力应符合下式要求：

$$R_d\geqslant \beta S_d$$

$$S_d=\eta_d(S_{Gk}+\sum\psi_{qi}S_{Qi,k})+\psi_w S_{wk}$$

式中 R_d——剩余结构构件承载力设计值；

S_d——剩余结构构件效应设计值；

β——效应折减系数，对中部水平构件取0.67，对其他构件取1.0；

S_{Gk}——永久荷载标准值产生的效应；

$S_{Qi,k}$——第i个竖向可变荷载标准值产生的效应；

S_{wk}——风荷载标准值产生的效应；

ψ_{qi}——可变荷载的准永久值系数；

ψ_w——风荷载组合值系数，取0.2；

η_d——竖向荷载动力放大系数，当构件直接与被拆除竖向构件相连时取2.0，其他构件取1.0。

1.2 数据速查

1.2.1 A级高度钢筋混凝土高层建筑的最大适用高度

表 1-1　　A级高度钢筋混凝土高层建筑的最大适用高度（m）

<table>
<tr><td colspan="2" rowspan="3">结　构　体　系</td><td rowspan="3">非抗震设计</td><td colspan="5">抗震设防烈度</td></tr>
<tr><td rowspan="2">6度</td><td rowspan="2">7度</td><td colspan="2">8度</td><td rowspan="2">9度</td></tr>
<tr><td>0.20g</td><td>0.30g</td></tr>
<tr><td colspan="2">框架结构</td><td>70</td><td>60</td><td>50</td><td>40</td><td>35</td><td>—</td></tr>
<tr><td colspan="2">框架-剪力墙结构</td><td>150</td><td>130</td><td>120</td><td>100</td><td>80</td><td>50</td></tr>
<tr><td rowspan="2">剪力墙</td><td>全部落地剪力墙</td><td>150</td><td>140</td><td>120</td><td>100</td><td>80</td><td>60</td></tr>
<tr><td>部分框支剪力墙</td><td>130</td><td>120</td><td>100</td><td>80</td><td>50</td><td>不应采用</td></tr>
<tr><td rowspan="2">筒体</td><td>框架-核心筒结构</td><td>160</td><td>150</td><td>130</td><td>100</td><td>90</td><td>70</td></tr>
<tr><td>筒中筒结构</td><td>200</td><td>180</td><td>150</td><td>120</td><td>100</td><td>80</td></tr>
<tr><td colspan="2">板柱-剪力墙结构</td><td>110</td><td>80</td><td>70</td><td>55</td><td>40</td><td>不应采用</td></tr>
</table>

注：1. 表中框架不含异形柱框架。
2. 部分框支剪力墙结构指地面以上有部分框支剪力墙的剪力墙结构。
3. 甲类建筑，6、7、8度时宜按本地区抗震设防烈度提高1度后符合本表的要求，9度时应专门研究。
4. 框架结构、板柱-剪力墙结构以及9度抗震设防的表列其他结构，当房屋高度超过本表数值时，结构设计应有可靠依据，并采取有效的加强措施。

1.2.2 B级高度钢筋混凝土高层建筑的最大适用高度

表 1-2　　B级高度钢筋混凝土高层建筑的最大适用高度（m）

<table>
<tr><td colspan="2" rowspan="3">结　构　体　系</td><td rowspan="3">非抗震设计</td><td colspan="4">抗震设防烈度</td></tr>
<tr><td rowspan="2">6度</td><td rowspan="2">7度</td><td colspan="2">8度</td></tr>
<tr><td>0.20g</td><td>0.30g</td></tr>
<tr><td colspan="2">框架-剪力墙结构</td><td>170</td><td>160</td><td>140</td><td>120</td><td>100</td></tr>
<tr><td rowspan="2">剪力墙</td><td>全部落地剪力墙</td><td>180</td><td>170</td><td>150</td><td>130</td><td>110</td></tr>
<tr><td>部分框支剪力墙</td><td>150</td><td>140</td><td>120</td><td>100</td><td>80</td></tr>
<tr><td rowspan="2">筒体</td><td>框架-核心筒结构</td><td>220</td><td>210</td><td>180</td><td>140</td><td>120</td></tr>
<tr><td>筒中筒结构</td><td>300</td><td>280</td><td>230</td><td>170</td><td>150</td></tr>
</table>

注：1. 部分框支剪力墙结构指地面以上有部分框支剪力墙的剪力墙结构。
2. 甲类建筑，6、7度时宜按本地区设防烈度提高1度后符合本表的要求，8度时应专门研究。
3. 当房屋高度超过表中数值时，结构设计应有可靠依据，并采取有效的加强措施。

1.2.3 钢筋混凝土高层建筑结构适用的最大高宽比

表 1-3　　钢筋混凝土高层建筑结构适用的最大高宽比

结构体系	非抗震设计	抗震设防烈度		
		6度、7度	8度	9度
框架结构	5	4	3	—
板柱-剪力墙结构	6	5	4	—
框架-剪力墙结构、剪力墙结构	7	6	5	4
框架-核心筒结构	8	7	6	4
筒中筒结构	8	8	7	5

1.2.4 平面尺寸及突出部位尺寸的比值限值

表 1-4　　平面尺寸及突出部位尺寸的比值限值

抗震设防烈度	L/B	l/B_{max}	l/b
6、7度	≤6.0	≤0.35	≤2.0
8、9度	≤5.0	≤0.30	≤1.5

注：L、B、l、B_{max}、b 如图 1-1 所示。

1.2.5 高层建筑结构伸缩缝的最大间距

表 1-5　　高层建筑结构伸缩缝的最大间距

结构体系	施工方法	最大间距/m
框架结构	现浇	55
剪力墙结构	现浇	45

注：1. 框架-剪力墙的伸缩缝间距可根据结构的具体布置情况取表中框架结构与剪力墙结构之间的数值。
2. 当屋面无保温或隔热措施、混凝土的收缩较大或室内结构因施工外露时间较长时，伸缩缝间距应适当减小。
3. 位于气候干燥地区、夏季炎热且暴雨频繁地区的结构，伸缩缝的间距宜适当减小。

1.2.6 楼层层间最大位移与层高之比的限值

表 1-6　　楼层层间最大位移与层高之比的限值

结构体系	$\Delta u/h$ 限值
框架结构	1/550
框架-剪力墙结构、框架-核心筒结构、板柱-剪力墙结构	1/800
筒中筒结构、剪力墙结构	1/1000
除框架结构外的转换层	1/1000

注：Δu——楼层层间最大位移；h——楼层层高。

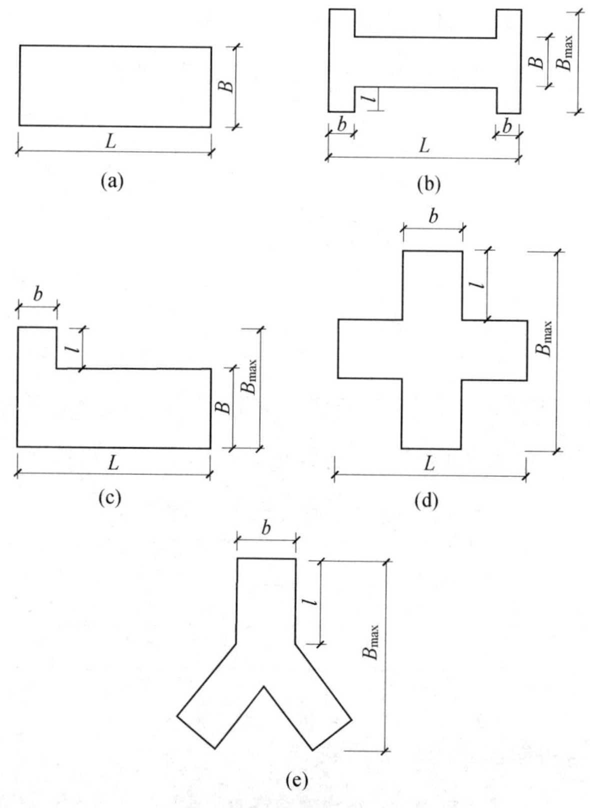

图 1-1　建筑平面示意图

(a) 矩形平面；(b) I 形平面；(c) L 形平面；(d) 十字形平面；(e) Y 形平面

1.2.7　结构薄弱层层间弹塑性位移角限值

表 1-7　　层间弹塑性位移角限值

结构体系	位移角 [θ_p] 限值
框架结构	1/50
框架-剪力墙结构、框架-核心筒结构、板柱-剪力墙结构	1/100
筒中筒结构、剪力墙结构	1/120
除框架结构外的转换层	1/120

1.2.8　结构顶点风振加速度限值

表 1-8　　结构顶点风振加速度限值 a_{lim}

使用功能	a_{lim}/(m/s^2)
住宅、公寓	0.15
办公、旅馆	0.25

1.2.9 楼盖竖向振动加速度限值

表 1-9　楼盖竖向振动加速度限值

人员活动环境	峰值加速度限值/(m/s²)	
	竖向自振频率不大于 2Hz	竖向自振频率不小于 4Hz
住宅、办公楼	0.07	0.05
商场及室内连廊	0.22	0.15

1.2.10 人行走作用力及楼盖结构阻尼比

表 1-10　人行走作用力及楼盖结构阻尼比

人员活动环境	人员行走作用力 p_0/kN	结构阻尼比 β
住宅、办公楼、教堂	0.3	0.02～0.05
商场	0.3	0.02
室内人行天桥	0.42	0.01～0.02
室外人行天桥	0.42	0.01

注：1. 表中阻尼比用于钢筋混凝土楼盖结构和钢-混凝土组合楼盖结构。

2. 对住宅、办公、教堂建筑，阻尼比 0.02 可用于无家具和非结构构件情况，如无纸化电子办公区、开敞办公区和教堂；阻尼比 0.03 可用于有家具、非结构构件，带少量可拆卸隔断的情况；阻尼比 0.05 可用于含全高填充墙的情况。

3. 对室内人行天桥，阻尼比 0.02 可用于天桥带干挂吊顶的情况。

1.2.11 钢筋混凝土构件的承载力抗震调整系数

表 1-11　钢筋混凝土构件的承载力抗震调整系数 γ_{RE}

构件类型	梁	轴压比小于 0.15 的柱	轴压比不小于 0.15 的柱	剪力墙		各类构件	节点
受力状态	受弯	偏压	偏压	偏压	局部承压	受剪、偏拉	受剪
γ_{RE}	0.75	0.75	0.80	0.85	1.0	0.85	0.85

1.2.12 A 级高度的高层建筑结构抗震等级

表 1-12　A 级高度的高层建筑结构抗震等级

结构类型		抗震设防烈度						
		6 度		7 度		8 度		9 度
框架结构		三		二		一		一
框架一剪力墙结构	高度/m	≤60	>60	≤60	>60	≤60	>60	≤50
	框架	四	三	三	二	二	一	一
	剪力墙	三		二		一		一

续表

<table>
<tr><td colspan="3" rowspan="2">结 构 类 型</td><td colspan="7">抗震设防烈度</td></tr>
<tr><td colspan="2">6 度</td><td colspan="2">7 度</td><td colspan="2">8 度</td><td>9 度</td></tr>
<tr><td rowspan="2">剪力墙</td><td colspan="2">高度/m</td><td>≤80</td><td>>80</td><td>≤80</td><td>>80</td><td>≤80</td><td>>80</td><td>≤60</td></tr>
<tr><td colspan="2">剪力墙</td><td>四</td><td>三</td><td>三</td><td>二</td><td>二</td><td>一</td><td>一</td></tr>
<tr><td rowspan="3">部分框支剪力墙结构</td><td colspan="2">非底部加强部位的剪力墙</td><td>四</td><td>三</td><td>三</td><td>二</td><td>二</td><td rowspan="3">—</td><td rowspan="3">—</td></tr>
<tr><td colspan="2">底部加强部位的剪力墙</td><td>三</td><td>二</td><td>二</td><td>一</td><td>一</td></tr>
<tr><td colspan="2">框支框架</td><td colspan="2">二</td><td>二</td><td>一</td><td>一</td></tr>
<tr><td rowspan="4">筒体结构</td><td rowspan="2">框架一核心筒</td><td>框架</td><td colspan="2">三</td><td colspan="2">二</td><td colspan="2">一</td><td>一</td></tr>
<tr><td>核心筒</td><td colspan="2">二</td><td colspan="2">二</td><td colspan="2">一</td><td>一</td></tr>
<tr><td rowspan="2">筒中筒</td><td>内筒</td><td colspan="2" rowspan="2">三</td><td colspan="2" rowspan="2">二</td><td colspan="2" rowspan="2">一</td><td rowspan="2">一</td></tr>
<tr><td>外筒</td></tr>
<tr><td rowspan="3">板柱-剪力墙结构</td><td colspan="2">高度/m</td><td>≤35</td><td>>35</td><td>≤35</td><td>>35</td><td>≤35</td><td>>35</td><td rowspan="3">—</td></tr>
<tr><td colspan="2">框架、板柱及柱上板带</td><td>三</td><td>二</td><td>二</td><td>二</td><td>·</td><td>—</td></tr>
<tr><td colspan="2">剪力墙</td><td>二</td><td>二</td><td>二</td><td>一</td><td>二</td><td>一</td></tr>
</table>

注：1. 接近或等于高度分界时，应结合房屋不规则程度及场地、地基条件适当确定抗震等级。

2. 底部带转换层的筒体结构，其转换框架的抗震等级应按表中部分框支剪力墙结构的规定采用。

3. 当框架-核心筒结构的高度不超过 60m 时，其抗震等级应允许按框架-剪力墙结构采用。

1.2.13 B 级高度的高层建筑结构抗震等级

表 1-13　　B 级高度的高层建筑结构抗震等级

<table>
<tr><td colspan="2" rowspan="2">结 构 类 型</td><td colspan="3">抗震设防烈度</td></tr>
<tr><td>6 度</td><td>7 度</td><td>8 度</td></tr>
<tr><td rowspan="2">框架-剪力墙</td><td>框架</td><td>二</td><td>一</td><td>一</td></tr>
<tr><td>剪力墙</td><td>二</td><td>一</td><td>特一</td></tr>
<tr><td>剪力墙</td><td>剪力墙</td><td>二</td><td>一</td><td>一</td></tr>
<tr><td rowspan="3">部分框支剪力墙</td><td>非底部加强部位的剪力墙</td><td>二</td><td>一</td><td>一</td></tr>
<tr><td>底部加强部位的剪力墙</td><td>二</td><td>一</td><td>一</td></tr>
<tr><td>框支框架</td><td>一</td><td>一</td><td>特一</td></tr>
<tr><td rowspan="2">框架-核心筒</td><td>框架</td><td>二</td><td>一</td><td>一</td></tr>
<tr><td>筒体</td><td>二</td><td>一</td><td>特一</td></tr>
<tr><td rowspan="2">筒中筒</td><td>外筒</td><td>二</td><td>一</td><td>特一</td></tr>
<tr><td>内筒</td><td>二</td><td>一</td><td>特一</td></tr>
</table>

注：底部带转换层的筒体结构，其转换框架和底部加强部位筒体的抗震等级应按表中部分框支剪力墙结构的规定采用。

1.2.14 结构抗震性能目标

表 1-14　　结构抗震性能目标

地震水准	性能目标			
	A	B	C	D
	性能水准			
多遇地震	1	1	1	1
设防烈度地震	1	2	3	4
预估的罕遇地震	2	3	4	5

1.2.15 各性能水准结构预期的震后性能状况

表 1-15　　各性能水准结构预期的震后性能状况

结构抗震性能水准	宏观损坏程度	损坏部位			继续使用的可能性
		关键构件	普通竖向构件	耗能构件	
1	完好、无损坏	无损坏	无损坏	无损坏	不需修理即可继续使用
2	基本完好、轻微损坏	无损坏	无损坏	轻微损坏	稍加修理即可继续使用
3	轻度损坏	轻微损坏	轻微损坏	轻度损坏、部分构件中度损坏	一般修理后可继续使用
4	中度损坏	轻度损坏	部分构件中度损坏	中度损坏、部分构件比较严重损坏	修复或加固后可继续使用
5	比较严重损坏	中度损坏	部分构件比较严重损坏	比较严重损坏	需排险大修

注："关键构件"是指该构件的失效可能引起结构的连续破坏或危及生命安全的严重破坏；"普通竖向构件"是指"关键构件"之外的竖向构件；"耗能构件"包括框架梁、剪力墙连梁及耗能支撑等。

2

高层建筑结构荷载和地震作用

2.1　公式速查

2.1.1　风荷载标准值的计算

主体结构计算时，风荷载作用面积应取垂直于风向的最大投影面积，垂直于建筑物表面的单位面积风荷载标准值应按下式计算：

$$w_k = \beta_z \mu_s \mu_z w_0$$

$$\beta_z = 1 + 2gI_{10}B_z\sqrt{1+R^2}$$

$$R = \sqrt{\frac{\pi}{6\zeta_1}\frac{x_1^2}{(1+x_1^2)^{4/3}}}$$

$$x_1 = \frac{30f_1}{\sqrt{k_w w_0}}, x_1 > 5$$

$$B_z = kH^{a_1}\rho_x\rho_z\frac{\phi_1(z)}{\mu_z}$$

$$\rho_x = \frac{10\sqrt{B+50e^{-B/50}-50}}{B}$$

$$\rho_z = \frac{10\sqrt{H+60e^{-H/60}-60}}{H}$$

式中　w_k——风荷载标准值（kN/m^2）；

w_0——基本风压（kN/m^2），应按照现行国家标准《建筑结构荷载规范》（GB 50009—2012）的规定采用，对风荷载比较敏感的高层建筑，承载力设计时应按基本风压的1.1倍采用；

μ_s——风荷载体型系数，圆形平面建筑取0.8；正多边形及截角三角形平面建筑$\mu_s = 0.8 + 1.2/\sqrt{n}$（$n$为多边形的边数）；高宽比$H/B$不大于4的矩形、方形、十字形平面建筑取1.3；V形、Y形、弧形、双十字形、井字形平面建筑取1.4；L形、槽形和高宽比H/B大于4的十字形平面建筑取1.4；高宽比H/B大于4，长宽比L/B不大于1.5的矩形、鼓形平面建筑取1.4；

μ_z——风压高度变化系数，见后文的表2-8；

β_z——z高度处的风振系数；

g——峰值因子，可取2.5；

I_{10}——10m高度名义湍流强度，对应A、B、C和D类地面粗糙度，可分别取0.12、0.14、0.23和0.39；

B_z——脉动风荷载的背景分量因子；

R——脉动风荷载的共振分量分子；

ζ_1——结构阻尼比，对钢结构可取0.01，对有填充墙的钢结构房屋可取0.02，对钢筋混凝土及砌体结构可取0.05，对其他结构可根据工程经验确定；

x_1——系数；

f_1——结构第1阶自振频率（Hz）；

k_w——地面度修正系数，对A类、B类、C类和D类地面粗糙度分别取1.28、1.0、0.54和0.26；

k、a_1——系数，按下表取值：

粗糙度类别		A	B	C	D
高层建筑	k	0.944	0.670	0.295	0.112
	a_1	0.155	0.187	0.261	0.346
高耸结构	k	1.276	0.910	0.404	0.155
	a_1	0.186	0.218	0.292	0.376

H——结构总高度（m），对A、B、C和D类地面粗糙度，H的取值分别不应大于300m、350m、450m和550m；

ρ_x——脉动风荷载水平方向相关系数；

ρ_z——脉动风荷载垂直方向相关系数；

$\phi_1(z)$——结构第1阶振型系数；

B——结构迎风面宽度（m），$B \leqslant 2H$。

2.1.2 圆形截面结构横风向风振等效风荷载标准值的计算

跨临界强风共振引起在z高度处振型j的等效风荷载标准值可按下列规定确定：

（1）等效风荷载标准值$w_{Lk,j}$（kN/m^2）可按下式计算：

$$w_{Lk,j} = |\lambda_j| v_{cr}^2 \phi_j(z)/12800\zeta_j$$

$$v_{cr} = \frac{D}{T_i St}$$

式中 λ_j——计算系数，见下表；

结构振型	振型序号	H_1/H										
		0	0.1	0.2	0.3	0.4	0.5	0.6	0.7	0.8	0.9	1.0
高耸结构	1	1.56	1.55	1.54	1.49	1.42	1.31	1.15	0.94	0.68	0.37	0
	2	0.83	0.82	0.76	0.60	0.37	0.09	−0.16	−0.33	−0.38	−0.27	0
	3	0.52	0.48	0.32	0.06	−0.19	−0.30	−0.21	0.00	0.20	0.23	0
	4	0.30	0.33	0.02	−0.20	−0.23	0.03	0.16	0.15	−0.05	−0.18	0
高层结构	1	1.56	1.56	1.54	1.49	1.41	1.28	1.12	0.91	0.65	0.35	0
	2	0.73	0.72	0.63	0.45	0.19	−0.11	−0.36	−0.52	−0.53	−0.36	0

v_{cr}——临界风速；

$\phi_j(z)$——结构的第 j 振型系数，由计算确定或按表 2-11～表 2-13 确定；

ζ_j——结构第 j 振型的阻尼比；对第 1 振型，钢结构取 0.01，房屋钢结构取 0.02，混凝土结构取 0.05；对高阶振型的阻尼比，若无相关资料，可近似按第 1 振型的值取用；

D——结构截面的直径（m），当结构的截面沿高度缩小时（倾斜度不大于 0.02），可近似取 2/3 结构高度处的直径；

T_i——结构第 i 振型的自振周期，验算亚临界微风共振时取基本自振周期 T_1；

St——斯脱罗哈数，对圆截面结构取 0.2。

（2）临界风速起始点高度 H_1 可按下式计算：

$$H_1 = H \times \left(\frac{v_{cr}}{1.2v_{\mathrm{H}}}\right)^{1/\alpha}$$

$$v_{\mathrm{cr}} = \frac{D}{T_i St}$$

$$v_{\mathrm{H}} = \sqrt{\frac{2000\mu_{\mathrm{H}} w_0}{\rho}}$$

式中 H——结构总高度（m）；

v_{cr}——临界风速；

v_{H}——结构顶部风速（m/s）；

α——地面粗糙度指数，对 A、B、C 和 D 四类地面粗糙度分别取 0.12、0.15、0.22 和 0.33；

D——结构截面的直径（m），当结构的截面沿高度缩小时（倾斜度不大于 0.02），可近似取 2/3 结构高度处的直径；

T_i——结构第 i 振型的自振周期，验算亚临界微风共振时取基本自振周期 T_1；

St——斯脱罗哈数，对圆截面结构取 0.2；

μ_{H}——结构顶部风压高度变化系数；

w_0——基本风压（$\mathrm{kN/m^2}$）；

ρ——空气密度（$\mathrm{kg/m^3}$）。

2.1.3 矩形截面高层建筑横风向风振等效风荷载标准值的计算

矩形截面高层建筑横风向风振等效风荷载标准值可按下式计算：

$$w_{\mathrm{Lk}} = g w_0 \mu_z C_{\mathrm{L}}' \sqrt{1+R_{\mathrm{L}}^2}$$

$$C_{\mathrm{L}}' = (2+2\alpha) C_{\mathrm{m}} \left[C_{\mathrm{R}} - 0.019\left(\frac{D}{B}\right)^{-2.54}\right]$$

$$R_{\mathrm{L}}=K_{\mathrm{L}}\sqrt{\frac{\pi S_{F_{\mathrm{L}}}C_{\mathrm{sm}}\Big/\left[C_{\mathrm{R}}-0.019\left(\frac{D}{B}\right)^{-2.54}\right]^{2}}{4(\zeta_{1}+\zeta_{\mathrm{a1}})}}$$

$$K_{\mathrm{L}}=\frac{1.4}{(\alpha+0.95)C_{\mathrm{m}}}\cdot\left(\frac{z}{H}\right)^{-2\alpha+0.9}$$

$$C_{\mathrm{m}}=\begin{cases}1.00-81.6\left(\frac{b}{B}\right)^{1.5}+301\left(\frac{b}{B}\right)^{2}-290\left(\frac{b}{B}\right)^{2.5} \\ \qquad 0.05\leqslant b/B\leqslant 0.2 \quad \text{凹角} \\ 1.00-2.05\left(\frac{b}{B}\right)^{0.5}+24\left(\frac{b}{B}\right)^{1.5}-36.8\left(\frac{b}{B}\right)^{2} \\ \qquad 0.05\leqslant b/B\leqslant 0.2 \quad \text{削角}\end{cases}$$

$$\zeta_{\mathrm{a1}}=\frac{0.0025(1-T_{\mathrm{L1}}^{*2})T_{\mathrm{L1}}^{*}+0.000125T_{\mathrm{L1}}^{*2}}{(1-T_{\mathrm{L1}}^{*2})^{2}+0.0291T_{\mathrm{L1}}^{*2}}$$

$$T_{\mathrm{L1}}^{*}=\frac{v_{\mathrm{H}}T_{\mathrm{L1}}}{9.8B}$$

式中 w_{Lk}——横风向风振等效风荷载标准值（kN/m^2），计算横风向风力时应乘以迎风面的面积；

g——峰值因子，可取 2.5；

w_0——基本风压（kN/m^2）；

μ_z——风压高度变化系数，见表 2－8；

C_{L}'——横风向风力系数；

R_{L}——横风向共振因子；

α——风速剖面指数，对应 A、B、C 和 D 类粗糙度分别取 0.12、0.15、0.22 和 0.30；

C_{R}——地面粗糙度系数，对应 A、B、C 和 D 类粗糙度分别取 0.236、0.211、0.202 和 0.197；

D——结构平面的进深（顺风向尺寸）；

b——削角或凹角修正尺寸（m）（如图 2－1 所示）；

B——结构的迎风面宽度；

K_{L}——振型修正系数；

$S_{F_{\mathrm{L}}}$——无量纲横风向广义风力功率谱，可根据深宽比 D/B 和折算频率 f_{L1}^{*} 按图 2－2 确定。$f_{\mathrm{L1}}^{*}=f_{\mathrm{L1}}B/v_{\mathrm{H}}$，$f_{\mathrm{L1}}$ 为结构横风向第 1 阶振型的频率（Hz）；

ζ_1——结构第 1 阶振型阻尼比；

ζ_{a1}——结构横风向第 1 阶振型气动阻尼比；

z——建筑结构高度（m）；

H——结构总高度（m）；

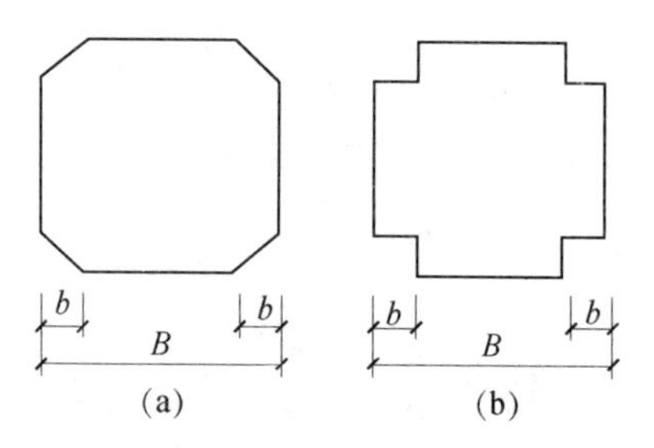

图 2-1　截面削角和凹角示意图

（a）削角；（b）凹角

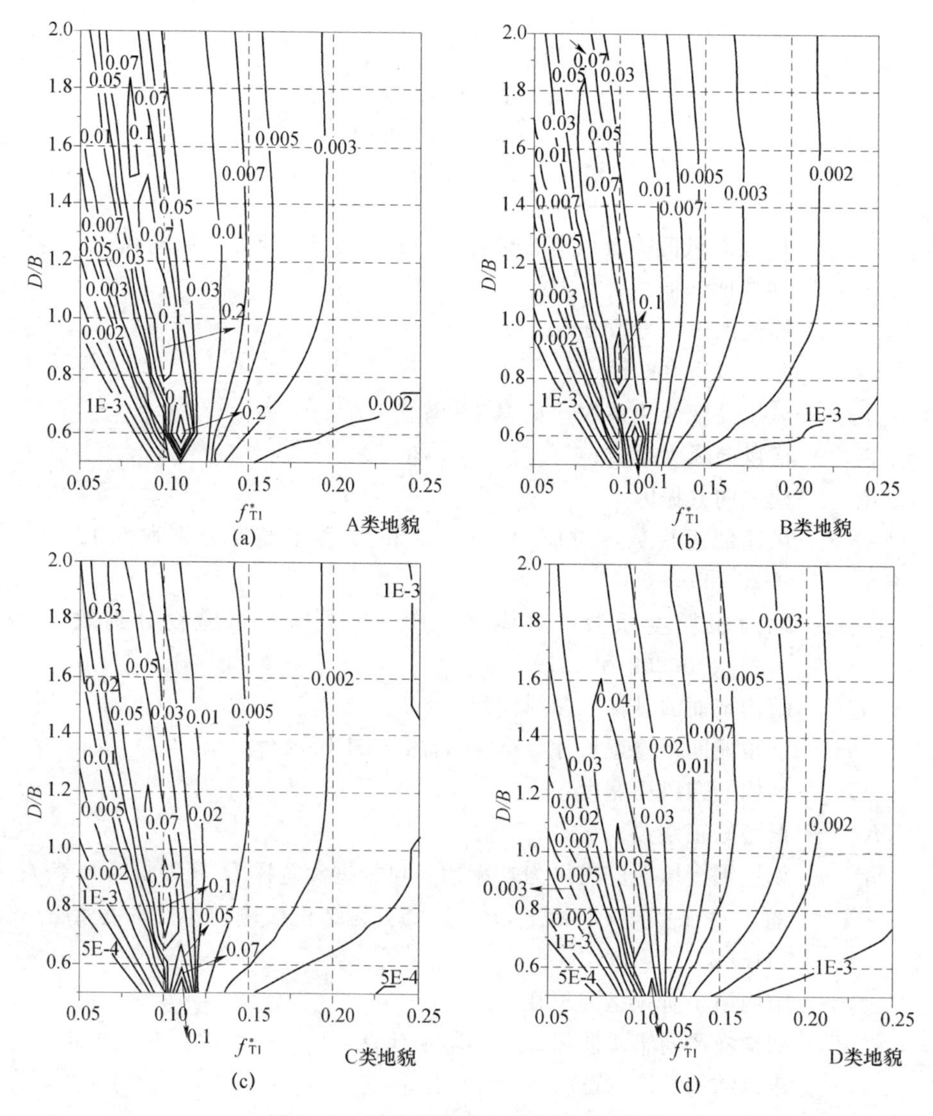

图 2-2　无量纲横风向广义风力功率谱

T_{L1}^*——折算周期；

v_H——结构顶部风速（m/s）；

T_{L1}——结构横风向第 1 阶自振周期；

C_{sm}——横风向风力功率谱的角沿修正系数，对于横截面为标准方形或矩形的高层建筑，取 1.0；对于图 2－1 所示的削角或凹角矩形截面，可按后文的表 2－14 取值；

C_m——横风向风力角沿修正系数。对于横截面为标准方形或矩形的高层建筑，取 1.0；对于图 2－1 所示的削角或凹角矩形截面，可按上式计算。

2.1.4 矩形截面高层建筑扭转风振等效风荷载标准值的计算

矩形截面高层建筑扭转风振等效风荷载标准值可按下式计算：

$$w_{Tk}=1.8gw_0\mu_H C_T'\left(\frac{z}{H}\right)^{0.9}\sqrt{1+R_T^2}$$

$$C_T'=\left[0.0066+0.015\left(\frac{D}{B}\right)^2\right]^{0.78}$$

$$R_T=K_T\sqrt{\frac{\pi F_T}{4\zeta_1}}$$

$$K_T=\frac{(B^2+D^2)}{20r^2}\cdot\left(\frac{z}{H}\right)^{-0.1}$$

式中 w_{Tk}——扭转风振等效风荷载标准值（kN/m^2），扭转计算应乘以迎风面面积和宽度；

g——峰值因子，可取 2.5；

w_0——基本风压（kN/m^2）；

μ_H——结构顶部风压高度变化系数；

C_T'——风致扭矩系数；

R_T——扭转共振因子；

D——结构平面的进深（顺风向尺寸）；

B——结构的迎风面宽度；

K_T——扭转振型修正系数；

ζ_1——结构第 1 阶振型阻尼比；

z——建筑结构高度（m）；

H——结构总高度（m）；

F_T——扭转谱能量因子，可根据深宽比 D/B 和折算频率 f_{T1}^* 按图 2－3 确定。

$f_{T1}^*=\frac{f_{T1}\sqrt{BD}}{v_H}$，$f_{T1}$ 为结构第 1 阶扭转自振频率（Hz）；

r——结构的回转半径（m）。

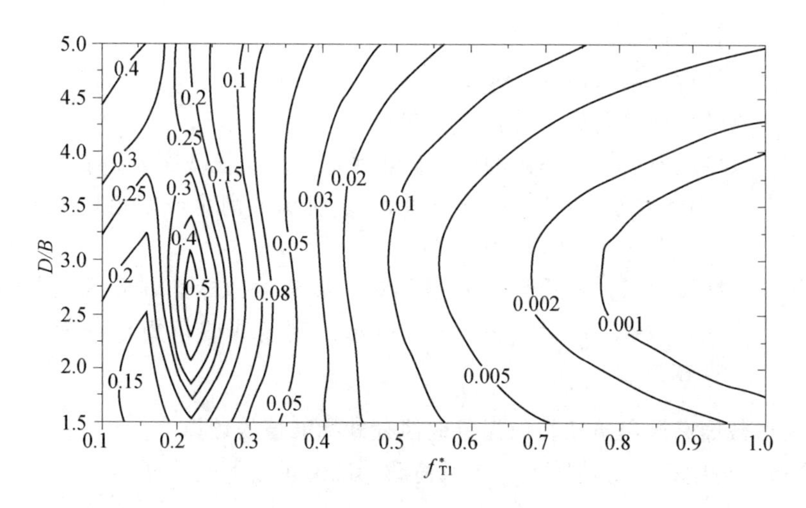

图 2－3　扭转谱能量因子

2.1.5　高层建筑顺风向风振加速度的计算

体型和质量沿高度均匀分布的高层建筑，顺风向风振加速度可按下式计算：

$$a_{D,z}=\frac{2gI_{10}w_R\mu_s\mu_zB_z\eta_aB}{m}$$

$$B_z=kH^{a_1}\rho_x\rho_z\frac{\phi_1(z)}{\mu_z}$$

$$\rho_x=\frac{10\sqrt{B+50e^{-B/50}-50}}{B}$$

$$\rho_z=\frac{10\sqrt{H+60e^{-H/60}-60}}{H}$$

式中　$a_{D,z}$——高层建筑 z 高度顺风向风振加速度（m/s^2）；

g——峰值因子，可取 2.5；

I_{10}——10m 高度名义湍流度，对应 A、B、C 和 D 类地面粗糙度，可分别取 0.12、0.14、0.23 和 0.39；

w_R——重现期为 R 年的风压（kN/m^2）；

μ_s——风荷载体型系数；

μ_z——风压高度变化系数，见表 2－8；

B_z——脉动风荷载的背景分量因子；

η_a——顺风向风振加速度的脉动系数，可根据结构阻尼比 ζ_1 和系数 x_1 按表 2－15确定。系数 x_1 按 $x_1=\frac{30f_1}{\sqrt{k_w w_0}}$（$x_1>5$）计算，其中 f_1 为结构第 1 阶自振频率（Hz）；k_w 为地面粗糙度修正系数，对 A 类、B 类、C 类和 D 类地面粗糙度分别取 1.28、1.0、0.54 和 0.26；w_0 为基本风压；

B——迎风面宽度（m）；

m——结构单位高度质量（t/m）；

k、a_1——系数，按下表取值：

粗糙度类别		A	B	C	D
高层建筑	k	0.944	0.670	0.295	0.112
	a_1	0.155	0.187	0.261	0.346
高耸结构	k	1.276	0.910	0.404	0.155
	a_1	0.186	0.218	0.292	0.376

H——结构总高度（m），对 A、B、C 和 D 类地面粗糙度，H 的取值分别不应大于 300m、350m、450m 和 550m；

ρ_x——脉动风荷载水平方向相关系数；

ρ_z——脉动风荷载垂直方向相关系数；

$\phi_1(z)$——结构第 1 阶振型系数。

2.1.6 高层建筑横风向风振加速度的计算

体型和质量沿高度均匀分布的矩形截面高层建筑，横风向风振加速度可按下式计算：

$$a_{L,z}=\frac{2.8gw_R\mu_H B}{m}\phi_{L1}(z)\sqrt{\frac{\pi S_{F_L}C_{sm}}{4(\zeta_1+\zeta_{a1})}}$$

$$\zeta_{a1}=\frac{0.0025(1-T_{L1}^{*2})T_{L1}^{*}+0.000125T_{L1}^{*2}}{(1-T_{L1}^{*2})^2+0.0291T_{L1}^{*2}}$$

$$T_{L1}^{*}=\frac{v_H T_{L1}}{9.8B}$$

式中 $a_{L,z}$——高层建筑 z 高度横风向风振加速度（m/s^2）；

g——峰值因子，可取 2.5；

w_R——重现期为 R 年的风压（kN/m^2）；

μ_H——结构顶部风压高度变化系数；

B——迎风面宽度（m）；

m——结构单位高度质量（t/m）；

$\phi_{L1}(z)$——结构横风向第 1 阶振型系数；

S_{F_L}——无量纲横风向广义风力功率谱，可根据深宽比 D/B 和折算频率 f_{L1}^{*} 按图 2-2 确定；$f_{L1}^{*}=f_{L1}B/v_H$，f_{L1} 为结构横风向第 1 阶振型的频率（Hz）；

ζ_1——结构第 1 阶振型阻尼比；

ζ_{a1}——结构横风向第 1 阶振型气动阻尼比；

T_{L1}^{*}——折算周期；

v_H——结构顶部风速（m/s）；

T_{L1}——结构横风向第1阶自振周期；

C_{sm}——横风向风力功率谱的角沿修正系数，对于横截面为标准方形或矩形的高层建筑，取1.0；对于图2-1所示的削角或凹角矩形截面，可按表2-14取值。

2.1.7 质心沿垂直于地震作用方向的偏称值的计算

计算单向地震作用时应考虑偶然偏心的影响。每层质心沿垂直于地震作用方向的偏移值可按下式采用：

$$e_i = \pm 0.05 L_i$$

式中 e_i——第 i 层质心偏移值（m），各楼层质心偏移方向相同；

L_i——第 i 层垂直于地震作用方向的建筑物总长度（m）。

2.1.8 地震影响系数曲线的形状参数和阻尼调整

高层建筑结构地震影响系数曲线（如图2-4所示）的形状参数和阻尼调整应符合下列规定：

（1）除有专门规定外，钢筋混凝土高层建筑结构的阻尼比应取0.05，此时阻尼调整系数 η_2 应取1.0，形状参数应符合下列规定：

①直线上升段，周期小于0.1s的区段。

②水平段，自0.1s至特征周期 T_g 的区段，地震影响系数应取最大值 α_{max}。

③曲线下降段，自特征周期至5倍特征周期的区段，衰减指数 γ 应取0.9。

④直线下降段，自5倍特征周期至6.0s的区段，下降斜率调整系数 η_1 应取0.02。

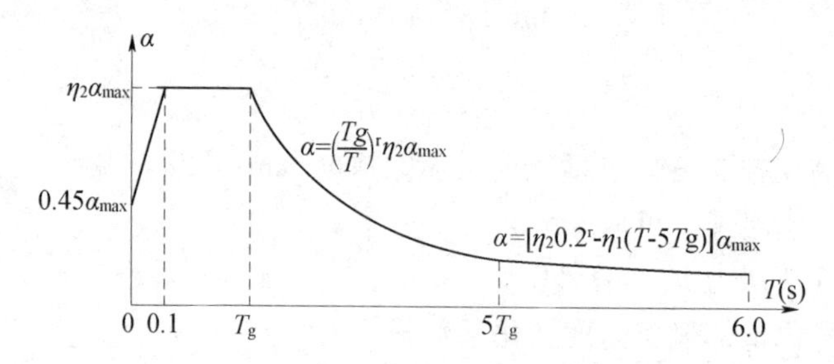

图2-4 地震影响系数曲线

α——地震影响系数；α_{max}——地震影响系数最大值；T——结构自振周期；T_g——特征周期；γ——衰减指数；η_1——直线下降段下降斜率调整系数；η_2——阻尼调整系数

（2）当建筑结构的阻尼比不等于0.05时，地震影响系数曲线的分段情况与1）相同，但其形状参数和阻尼调整系数 η_2 应符合下列规定。

①曲线下降段的衰减指数按下式确定：

$$\gamma = 0.9 + \frac{0.05 - \zeta}{0.3 + 6\zeta}$$

式中 γ——曲线下降段的衰减指数；

ζ——阻尼比。

②直线下降段的下降斜率调整系数按下式确定：

$$\eta_1 = 0.02 + \frac{0.05 - \zeta}{4 + 32\zeta}$$

式中 η_1——直线下降段的斜率调整系数，小于 0 时应取 0；

ζ——阻尼比。

③阻尼调整系数按下式确定：

$$\eta_2 = 1 + \frac{0.05 - \zeta}{0.08 + 1.6\zeta}$$

式中 η_2——阻尼调整系数，当 η_2 小于 0.55 时，应取 0.55；

ζ——阻尼比。

2.1.9 采用振型分解反应谱方法进行地震作用和作用效应的计算

采用振型分解反应谱方法时，对于不考虑扭转耦联振动影响的结构，应按下列规定进行地震作用和作用效应的计算。

（1）结构第 j 振型 i 层的水平地震作用的标准值，应按下列公式确定：

$$F_{ji} = \alpha_j \gamma_j X_{ji} G_i$$

$$\gamma_j = \frac{\sum_{i=1}^{n} X_{ji} G_i}{\sum_{i=1}^{n} X_{ji}^2 G_i} \quad (i = 1, 2, \cdots, n; j = 1, 2, \cdots, m)$$

式中 F_{ji}——第 j 振型 i 层水平地震作用的标准值；

α_j——相应于 j 振型自振周期的地震影响系数；

γ_j——j 振型的参与系数；

X_{ji}——j 振型 i 层的水平相对位移；

G_i——i 层的重力荷载代表值；

n——结构计算总层数，小塔楼宜每层作为一个质点参与计算；

m——结构计算振型数。规则结构可取 3，当建筑较高、结构沿竖向刚度不均匀时可取 5～6。

（2）水平地震作用效应，当相邻振型的周期比小于 0.85 时，应按下列公式计算：

$$S = \sqrt{\sum_{j=1}^{m} S_j^2}$$

式中 S——水平地震作用标准值的效应；

S_j——j 振型的水平地震作用标准值的效应（弯矩、剪力、轴向力和位移等）。

2.1.10 采用扭转耦联振型分解法进行地震作用和作用效应的计算

考虑扭转影响的平面、竖向不规则结构，按扭转耦联振型分解法计算时，各楼层可取两个正交的水平位移和一个转角位移共三个自由度，并应按下列规定计算地震作用和作用效应。确有依据时，可采用简化计算方法确定地震作用。

（1）j 振型 i 层的水平地震作用标准值，应按下列公式确定：

$$F_{xji}=\alpha_j\gamma_{tj}X_{ji}G_i$$

$$F_{yji}=\alpha_j\gamma_{tj}Y_{ji}G_i\ (i=1,2,\cdots,n;j=1,2,\cdots,m)$$

$$F_{tji}=\alpha_j\gamma_{tj}r_i^2\varphi_{ji}G_i$$

式中 F_{xji}、F_{yji}、F_{tji}——j 振型 i 层的 x 方向、y 方向和转角方向的地震作用标准值；

α_j——相应于第 j 振型自振周期 T_j 的地震影响系数；

X_{ji}、Y_{ji}——j 振型 i 层质心在 x、y 方向的水平相对位移；

φ_{ji}——j 振型 i 层的相对扭转角；

r_i——i 层转动半径，取 i 层绕质心的转动惯量除以该层质量的商的正二次方根；

G_i——i 层的重力荷载代表值；

n——结构计算总质点数，小塔楼宜每层作为一个质点参加计算；

m——结构计算振型数，一般情况下可取 9～15，多塔楼建筑每个塔楼的振型数不宜小于 9；

γ_{tj}——考虑扭转的 j 振型参与系数，

{ ▲当仅考虑 x 方向地震作用时
  ■当仅考虑 y 方向地震作用时
  ★当考虑与 x 方向夹角为 θ 的地震作用时

▲ 当仅考虑 x 方向地震作用时：

$$\gamma_{tj}=\sum_{i=1}^{n}X_{ji}G_i\Big/\sum_{i=1}^{n}(X_{ji}^2+Y_{ji}^2+\varphi_{ji}^2r_i^2)G_i$$

■ 当仅考虑 y 方向地震作用时：

$$\gamma_{tj}=\sum_{i=1}^{n}Y_{ji}G_i\Big/\sum_{i=1}^{n}(X_{ji}^2+Y_{ji}^2+\varphi_{ji}^2r_i^2)G_i$$

★ 当考虑与 x 方向夹角为 θ 的地震作用时：

$$\gamma_{tj}=\gamma_{xj}\cos\theta+\gamma_{yj}\sin\theta$$

（2）单向水平地震作用下，考虑扭转耦联的地震作用效应，应按下列公式确定：

$$S=\sqrt{\sum_{j=1}^{m}\sum_{k=1}^{m}\rho_{jk}S_jS_k}$$

$$\rho_{jk}=\frac{8\sqrt{\zeta_j\zeta_k}(\zeta_j+\lambda_T\zeta_k)\lambda_T^{1.5}}{(1-\lambda_T^2)^2+4\zeta_j\zeta_k(1-\lambda_T^2)\lambda_T+4(\zeta_j^2+\zeta_k^2)\lambda_T^2}$$

式中　S——考虑扭转的地震作用标准值的效应；

S_j、S_k——j、k 振型地震作用标准值的效应；

ρ_{jk}——j 振型与 k 振型的耦联系数；

λ_{T}——k 振型与 j 振型的自振周期比；

ζ_j、ζ_k——j、k 振型的阻尼比。

（3）考虑双向水平地震作用下的扭转地震作用效应，可按下式计算：

$$S=\sqrt{S_x^2+(0.85S_y)^2} \quad 或 \quad S=\sqrt{S_y^2+(0.85S_x)^2}$$

式中　S_x——仅考虑 x 向水平地震作用时的地震作用效应；

S_y——仅考虑 y 向水平地震作用时的地震作用效。

2.1.11　采用底部剪力法进行地震作用和作用效应的计算

采用底部剪力法计算高层建筑结构的水平地震作用时，各楼层在计算方向可仅考虑一个自由度（如图 2-5所示），并应符合下列规定：

（1）结构总水平地震作用标准值应按下列公式计算：

$$F_{Ek}=\alpha_1 G_{eq}$$

$$G_{eq}=0.85G_E$$

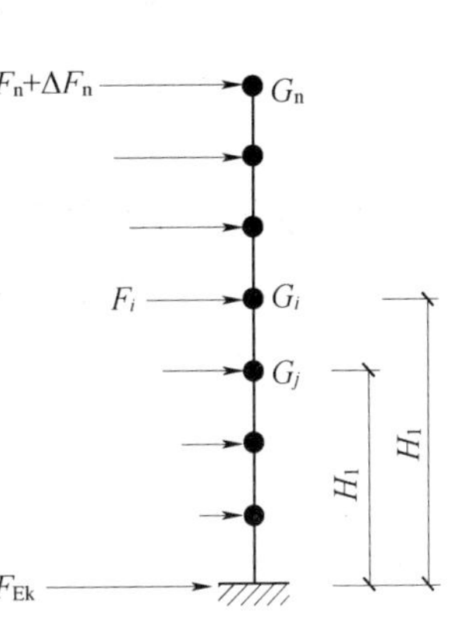

图 2-5　底部剪力法计算示意图

式中　F_{Ek}——结构总水平地震作用标准值；

α_1——相应于结构基本自振周期 T_1 的水平地震影响系数；

G_{eq}——计算地震作用时，结构等效总重力荷载代表值；

G_E——计算地震作用时，结构总重力荷载代表值，应取各质点重力荷载代表值之和。

（2）质点 i 的水平地震作用标准值可按下式计算：

$$F_i=\frac{G_iH_i}{\sum_{j=1}^{n}G_jH_j}F_{Ek}(1-\delta_n) \quad (i=1,2,\cdots,n)$$

式中　F_i——质点 i 的水平地震作用标准值；

G_i、G_j——集中于质点 i、j 的重力荷载代表值；

H_i、H_j——质点 i、j 的计算高度；

F_{Ek}——结构总水平地震作用标准值；

δ_n——顶部附加地震作用系数，可按表 2-16 采用。

（3）主体结构顶层附加水平地震作用标准值可按下式计算：

$$\Delta F_n=\delta_n F_{Ek}$$

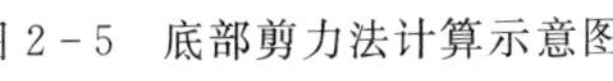

式中　ΔF_n——主体结构顶层附加水平地震作用标准值；

F_{Ek}——结构总水平地震作用标准值；

δ_n——顶部附加地震作用系数，可按表 2－16 采用。

2.1.12　结构各楼层对应于地震作用标准值的剪力的计算

多遇地震水平地震作用计算时，结构各楼层对应于地震作用标准值的剪力应符合下式要求：

$$V_{Eki} \geqslant \lambda \sum_{j=i}^{n} G_j$$

式中　V_{Eki}——第 i 层对应于水平地震作用标准值的剪力；

λ——水平地震剪力系数，不应小于表 2－21 的规定；对于竖向不规则结构的薄弱层，尚应乘以 1.15 的增大系数；

G_j——第 j 层的重力荷载代表值；

n——结构计算总层数。

2.1.13　竖向地震作用标准值的计算

结构竖向地震作用标准值可采用时程分析方法或振型分解反应谱方法计算，也可按下列规定计算（如图 2－6 所示）：

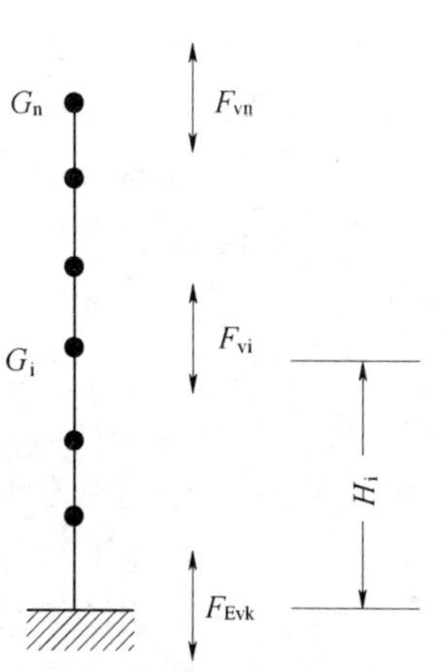

图 2－6　结构竖向地震作用计算示意

（1）结构总竖向地震作用标准值可按下列公式计算：

$$F_{Evk} = \alpha_{vmax} G_{eq}$$

$$G_{eq} = 0.75 G_E$$

$$\alpha_{vmax} = 0.65 \alpha_{max}$$

式中　F_{Evk}——结构总竖向地震作用标准值；

α_{vmax}——结构竖向地震影响系数最大值；

α_{max}——结构水平地震影响系数最大值，见表 2－19；

G_{eq}——结构等效总重力荷载代表值；

G_E——计算竖向地震作用时，结构总重力荷载代表值，应取各质点重力荷载代表值之和。

（2）结构质点 i 的竖向地震作用标准值可按下列公式计算：

$$F_{vi} = \frac{G_i H_i}{\sum_{j=1}^{n} G_j H_j} F_{Evk}$$

式中　F_{vi}——质点 i 的竖向地震作用标准值；

G_i——集中于质点 i 的重力荷载代表值；

H_i——质点 i 的计算高度；

G_j——集中于质点 j 的重力荷载代表值；

H_j——质点 j 的计算高度；

F_{Evk}——结构总竖向地震作用标准值。

2.2 数据速查

2.2.1 常用材料和构件的自重

表 2－1　　常用材料和构件的自重

项次	名　　称		自重	备　　注
1	木材/(kN/m³)	杉木	4.0	随含水率而不同
		冷杉、云杉、红松、华山松、樟子松、铁杉、拟赤杨、红椿、杨木、枫杨	4.0～5.0	随含水率而不同
		马尾松、云南松、油松、赤松、广东松、桤木、枫香、柳木、檫木、秦岭落叶松、新疆落叶松	5.0～6.0	随含水率而不同
		东北落叶松、陆均松、榆木、桦木、水曲柳、苦楝、木荷、臭椿	6.0～7.0	随含水率而不同
		锥木（栲木）、石栎、槐木、乌墨	7.0～8.0	随含水率而不同
		青冈栎（楮木）、栎木（柞木）、桉树、木麻黄	8.0～9.0	随含水率而不同
		普通木板条、椽檩木料	5.0	随含水率而不同
		锯末	2.0～2.5	加防腐剂时为 3kN/m³
		木丝板	4.0～5.0	—
		软木板	2.5	—
		刨花板	6.0	—
2	胶合板材/(kN/m²)	胶合三夹板（杨木）	0.019	—
		胶合三夹板（椴木）	0.022	—
		胶合三夹板（水曲柳）	0.028	—
		胶合五夹板（杨木）	0.030	—
		胶合五夹板（椴木）	0.034	—
		胶合五夹板（水曲柳）	0.040	—
		甘蔗板（按 10mm 厚计）	0.030	常用厚度（mm）为 13、15、19、25
		隔声板（按 10mm 厚计）	0.030	常用厚度（mm）为 13、20
		木屑板（按 10mm 厚计）	0.120	常用厚度（mm）为 6、10

续表

<table>
<tr><th>项次</th><th colspan="2">名　　称</th><th>自重</th><th>备　　注</th></tr>
<tr><td rowspan="32">3</td><td rowspan="32">金属矿产/
(kN/m³)</td><td>锻铁</td><td>77.5</td><td>—</td></tr>
<tr><td>铁矿渣</td><td>27.6</td><td>—</td></tr>
<tr><td>赤铁矿</td><td>25.0～30.0</td><td>—</td></tr>
<tr><td>钢</td><td>75.8</td><td>—</td></tr>
<tr><td>紫铜、赤铜</td><td>89.0</td><td>—</td></tr>
<tr><td>黄铜、青铜</td><td>85.0</td><td>—</td></tr>
<tr><td>硫化铜矿</td><td>42.0</td><td>—</td></tr>
<tr><td>铝</td><td>27.0</td><td>—</td></tr>
<tr><td>铝合金</td><td>28.0</td><td>—</td></tr>
<tr><td>锌</td><td>70.5</td><td>—</td></tr>
<tr><td>亚锌矿</td><td>40.5</td><td>—</td></tr>
<tr><td>铅</td><td>114.0</td><td>—</td></tr>
<tr><td>方铅矿</td><td>74.5</td><td>—</td></tr>
<tr><td>金</td><td>193.0</td><td>—</td></tr>
<tr><td>白金</td><td>213.0</td><td>—</td></tr>
<tr><td>银</td><td>105.0</td><td>—</td></tr>
<tr><td>锡</td><td>73.5</td><td>—</td></tr>
<tr><td>镍</td><td>89.0</td><td>—</td></tr>
<tr><td>汞</td><td>136.0</td><td>—</td></tr>
<tr><td>钨</td><td>189.0</td><td>—</td></tr>
<tr><td>镁</td><td>18.5</td><td>—</td></tr>
<tr><td>锑</td><td>66.6</td><td>—</td></tr>
<tr><td>水晶</td><td>29.5</td><td>—</td></tr>
<tr><td>硼砂</td><td>17.5</td><td>—</td></tr>
<tr><td>硫矿</td><td>20.5</td><td>—</td></tr>
<tr><td>石棉矿</td><td>24.6</td><td>—</td></tr>
<tr><td>石棉</td><td>10.0</td><td>压实</td></tr>
<tr><td>石棉</td><td>4.0</td><td>松散，含水量不大于15%</td></tr>
<tr><td>石垩（高岭土）</td><td>22.0</td><td>—</td></tr>
<tr><td>石膏矿</td><td>25.5</td><td>—</td></tr>
<tr><td>石膏</td><td>13.0～14.5</td><td>粗块堆放 $\varphi=30^\circ$
细块堆放 $\varphi=40^\circ$</td></tr>
<tr><td>石膏粉</td><td>9.0</td><td>—</td></tr>
<tr><td rowspan="2">4</td><td rowspan="2">土、砂、
砂砾、岩石/
(kN/m³)</td><td>腐殖土</td><td>15.0～16.0</td><td>干，$\varphi=40^\circ$；
湿 $\varphi=35^\circ$；很湿，$\varphi=25^\circ$</td></tr>
<tr><td>黏土</td><td>13.5</td><td>干，松，空隙比为1.0</td></tr>
</table>

续表

项次	名称		自重	备注
4	土、砂、砂砾、岩石/(kN/m³)	黏土	16.0	干，$\varphi=40°$，压实
		黏土	18.0	湿，$\varphi=35°$，压实
		黏土	20.0	很湿，$\varphi=25°$，压实
		砂土	12.2	干，松
		砂土	16.0	干，$\varphi=35°$，压实
		砂土	18.0	湿，$\varphi=35°$，压实
		砂土	20.0	很湿，$\varphi=25°$，压实
		砂土	14.0	干，细砂
		砂土	17.0	干，粗砂
		卵石	16.0～18.0	干
		黏土夹卵石	17.0～18.0	干，松
		砂夹卵石	15.0～17.0	干，松
		砂夹卵石	16.0～19.2	干，压实
		砂夹卵石	18.9～19.2	湿
		浮石	6.0～8.0	干
		浮石填充料	4.0～6.0	—
		砂岩	23.6	—
		页岩	28.0	—
		页岩	14.8	片石堆置
		泥灰石	14.0	$\varphi=40°$
		花岗岩、大理石	28.0	—
		花岗岩	15.4	片石堆置
		石灰石	26.4	—
		石灰石	15.2	片石堆置
		贝壳石灰岩	14.0	—
		白云石	16.0	片石堆置 $\varphi=48°$
		滑石	27.1	—
		火石（燧石）	35.2	—
		云斑石	27.6	—
		玄武石	29.5	—
		长石	25.5	—
		角闪石、绿石	30.0	—
		角闪石、绿石	17.1	片石堆置

续表

项次	名称		自重	备注
4	土、砂、砂砾、岩石/(kN/m³)	碎石子	14.0～15.0	堆置
		岩粉	16.0	黏土质或石灰质的
		多孔黏土	5.0～8.0	作填充料用，$\varphi=35°$
		硅藻土填充料	4.0～6.0	—
		辉绿岩板	29.5	—
5	砖及砌块/(kN/m³)	普通砖	18.0	240mm×115mm×53mm (684块/m³)
		普通砖	19.0	机器制
		缸砖	21.0～21.5	230mm×110mm×65mm (609块/m³)
		红缸砖	20.4	—
		耐火砖	19.0～22.0	230mm×110mm×65mm (609块/m³)
		耐酸瓷砖	23.0～25.0	230mm×113mm×65mm (590块/m³)
		灰砂砖	18.0	砂：白灰=92：8
		煤渣砖	17.0～18.5	—
		矿渣砖	18.5	硬矿渣：烟灰：石灰=75：15：10
		焦渣砖	12.0～14.0	—
		烟灰砖	14.0～15.0	炉渣：电石渣：烟灰=30：40：30
		黏土坯	12.0～15.0	—
		锯末砖	9.0	—
		焦渣空心砖	10.0	290mm×290mm×140mm (85块/m³)
		水泥空心砖	9.8	290mm×290mm×140mm (85块/m³)
		水泥空心砖	10.3	300mm×250mm×110mm (121块/m³)
		水泥空心砖	9.6	300mm×250mm×160mm (83块/m³)
		蒸压粉煤灰砖	14.0～16.0	干重度
		陶粒空心砌块	5.0	长600、400mm，宽150、250mm，高250、200mm
			6.0	390mm×290mm×190mm

续表

项次	名　称		自重	备　注
5	砖及砌块/(kN/m³)	粉煤灰轻渣空心砌块	7.0～8.0	390mm×190mm×190mm，390mm×240mm×190mm
		蒸压粉煤灰加气混凝土砌块	5.5	—
		混凝土空心小砌块	11.8	390mm×190mm×190mm
		碎砖	12.0	堆置
		水泥花砖	19.8	200mm×200mm×24mm（1042 块/m³）
		瓷面砖	17.8	150mm×150mm×8mm（5556 块/m³）
		陶瓷马赛克	0.12kN/m²	厚 5mm
6	石灰、水泥、灰浆及混凝土/(kN/m³)	生石灰块	11.0	堆置，$\varphi=30°$
		生石灰粉	12.0	堆置，$\varphi=35°$
		熟石灰膏	13.5	—
		石灰砂浆、混合砂浆	17.0	—
		水泥石灰焦渣砂浆	14.0	—
		石灰沪渣	10.0～12.0	—
		水泥炉渣	12.0～14.0	—
		石灰焦渣砂浆	13.0	—
		灰土	17.5	石灰：土=3：7，夯实
		稻草石灰泥	16.0	—
		纸筋石灰泥	16.0	—
		石灰锯末	3.4	石灰：锯末=1：3
		石灰三合土	17.5	石灰、砂子、卵石
		水泥	12.5	轻质松散，$\varphi=20°$
		水泥	14.5	散装，$\varphi=30°$
		水泥	16.0	袋装压实，$\varphi=40°$
		矿渣水泥	14.5	—
		水泥砂浆	20.0	—
		水泥蛭石砂浆	5.0～8.0	—
		石棉水泥浆	19.0	—
		膨胀珍珠岩砂浆	7.0～15.0	—
		石膏砂浆	12.0	—
		碎砖混凝土	18.5	—

续表

项次	名称		自重	备注
6	石灰、水泥、灰浆及混凝土/(kN/m^3)	素混凝土	22.0～24.0	振捣或不振捣
		矿渣混凝土	20.0	—
		焦渣混凝土	16.0～17.0	承重用
		焦渣混凝土	10.0～14.0	填充用
		铁屑混凝土	28.0～65.0	—
		浮石混凝土	9.0～14.0	—
		沥青混凝土	20.0	—
		无砂大孔性混凝土	16.0～19.0	—
		泡沫混凝土	4.0～6.0	—
		加气混凝土	5.5～7.5	单块
		石灰粉煤灰加气混凝土	6.0～6.5	—
		钢筋混凝土	24.0～25.0	—
		碎砖钢筋混凝土	20.0	—
		钢丝网水泥	25.0	用于承重结构
		水玻璃耐酸混凝土	20.0～23.5	—
		粉煤灰陶砾混凝土	19.5	—
7	沥青、煤灰、油料/(kN/m^3)	石油沥青	10.0～11.0	根据相对密度
		柏油	12.0	—
		煤沥青	13.4	—
		煤焦油	10.0	—
		无烟煤	15.5	整体
		无烟煤	9.5	块状堆放，$\varphi=30^\circ$
		无烟煤	8.0	碎状堆放，$\varphi=35^\circ$
		煤末	7.0	堆放，$\varphi=15^\circ$
		煤球	10.0	堆放
		褐煤	12.5	—
		褐煤	7.0～8.0	堆放
		泥炭	7.5	—
		泥炭	3.2～3.4	堆放
		木炭	3.0～5.0	—
		煤焦	12.0	—
		煤焦	7.0	堆放，$\varphi=45^\circ$
		焦渣	10.0	—

续表

项次	名称		自重	备注
7	沥青、煤灰、油料/(kN/m³)	煤灰	6.5	—
		煤灰	8.0	压实
		石墨	20.8	—
		煤蜡	9.0	—
		油蜡	9.6	—
		原油	8.8	—
		煤油	8.0	—
		煤油	7.2	桶装，相对密度为0.82～0.89
		润滑油	7.4	—
		汽油	6.7	—
		汽油	6.4	桶装，相对密度为0.72～0.76
		动物油、植物油	9.3	—
		豆油	8.0	大铁桶装，每桶360kg
8	杂项/(kN/m³)	普通玻璃	25.6	—
		钢丝玻璃	26.0	—
		泡沫玻璃	3.0～5.0	—
		玻璃棉	0.5～1.0	作绝缘层填充料用
		岩棉	0.5～2.5	—
		沥青玻璃棉	0.8～1.0	热导率为0.035～0.047[W/(m·K)]
		玻璃棉板（管套）	1.0～1.5	
		玻璃钢	14.0～22.0	—
		矿渣棉	1.2～1.5	松散，热导率为0.031～0.044[W/(m·K)]
		矿渣棉制品（板、砖、管）	3.5～4.0	热导率为0.047～0.07[W/(m·K)]
		沥青矿渣棉	1.2～1.6	热导率为0.041～0.052[W/(m·K)]
		膨胀珍珠岩粉料	0.8～2.5	干，松散，热导率为0.052～0.076[W/(m·K)]
		水泥珍珠岩制品、憎水珍珠岩制品	3.5～4.0	强度1N/m²；热导率为0.058～0.081[W/(m·K)]
		膨胀蛭石	0.8～2.0	热导率为0.052～0.07[W/(m·K)]
		沥青蛭石制品	3.5～.5	热导率为0.081～0.105[W/(m·K)]

续表

项次	名称		自重	备注
8	杂项/(kN/m³)	水泥蛭石制品	4.0～6.0	热导率为 0.093～0.14 [W/(m·K)]
		聚氯乙烯板（管）	13.6～16.0	—
		聚苯乙烯泡沫塑料	0.5	热导率不大于 0.035 [W/(m·K)]
		石棉板	13.0	含水率不大于 3%
		乳化沥青	9.8～10.5	—
		软性橡胶	9.30	—
		白磷	18.30	—
		松香	10.70	—
		磁	24.00	—
		酒精	7.85	100%纯
		酒精	6.60	桶装，相对密度为 0.79～0.82
		盐酸	12.00	浓度 40%
		硝酸	15.10	浓度 91%
		硫酸	17.90	浓度 87%
		火碱	17.00	浓度 60%
		氯化铵	7.50	袋装堆放
		尿素	7.50	袋装堆放
		碳酸氢铵	8.00	袋装堆放
		水	10.00	温度 4℃密度最大时
		冰	8.96	—
		书籍	5.00	书架藏置
		道林纸	10.00	—
		报纸	7.00	—
		宣纸类	4.00	—
		棉花、棉纱	4.00	压紧平均重量
		稻草	1.20	—
		建筑碎料（建筑垃圾）	15.00	—
9	食品/(kN/m³)	稻谷	6.00	$\varphi=35°$
		大米	8.50	散放
		豆类	7.50～8.00	$\varphi=20°$
		豆类	6.80	袋装

续表

项次	名　　称		自重	备　　注
9	食品/(kN/m³)	小麦	8.00	$\varphi=25°$
		面粉	7.00	—
		玉米	7.80	$\varphi=28°$
		小米、高粱	7.00	散装
		小米、高粱	6.00	袋装
		芝麻	4.50	袋装
		鲜果	3.50	散装
		鲜果	3.00	箱装
		花生	2.00	袋装带壳
		罐头	4.50	箱装
		酒、酱、油、醋	4.00	成瓶箱装
		豆饼	9.00	圆饼放置，每块28kg
		矿盐	10.0	成块
		盐	8.60	细粒散放
		盐	8.10	袋装
		砂糖	7.50	散装
		砂糖	7.00	袋装
10	砌体/(kN/m³)	浆砌细方石	26.4	花岗石，方整石块
		浆砌细方石	25.6	石灰石
		浆砌细方石	22.4	砂岩
		浆砌毛方石	24.8	花岗石，上下面大致平整
		浆砌毛方石	24.0	石灰石
		浆砌毛方石	20.8	砂岩
		干砌毛石	20.8	花岗石，上下面大致平整
		干砌毛石	20.0	石灰石
		干砌毛石	17.6	砂岩
		浆砌普通砖	18.0	—
		浆砌机砖	19.0	—
		浆砌缸砖	21.0	—
		浆砌耐火砖	22.0	—
		浆砌矿渣砖	21.0	—
		浆砌焦渣砖	12.5～14.0	—
		土坯砖砌体	16.0	—

续表

项次	名称		自重	备注
10	砌体/(kN/m^3)	黏土砖空斗砌体	17.0	中填碎瓦砾，一眠一斗
		黏土砖空斗砌体	13.0	全斗
		黏土砖空斗砌体	12.5	不能承重
		黏土砖空斗砌体	15.0	能承重
		粉煤灰泡沫砌块砌体	8.0～8.5	粉煤灰：电石渣：废石膏=74：22：4
		三合土	17.0	灰：砂：土=1：1：9～1：1：4
11	隔墙与墙面/(kN/m^2)	双面抹灰板条隔墙	0.9	每面抹灰厚16～24mm，龙骨在内
		单面抹灰板条隔墙	0.5	灰厚16～24mm，龙骨在内
		C形轻钢龙骨隔墙	0.27	两层12mm纸面石膏板，无保温层
			0.32	两层12mm纸面石膏板，中填岩板保温板50mm
			0.38	三层12mm纸面石膏板，无保温层
			0.43	三层12mm纸面石膏板，中填岩板保温板50mm
			0.49	四层12mm纸面石膏板，无保温层
			0.54	四层12mm纸面石膏板，中填岩板保温板50mm
		贴瓷砖墙面	0.50	包括水泥砂浆打底，共厚25mm
		水泥粉刷墙面	0.36	20mm厚，水泥粗砂
		水磨石墙面	0.55	25mm厚，包括打底
		水刷石墙面	0.50	25mm厚，包括打底
		石灰粗砂粉刷	0.34	20mm厚
		剁假石墙面	0.50	25mm厚，包括打底
		外墙拉毛墙面	0.70	包括25mm水泥砂浆打底
12	屋架、门窗/(kN/m^2)	木屋架	$0.07+0.007l$	按屋面水平投影面积计算，跨度l以m计算
		钢屋架	$0.12+0.011l$	无天窗，包括支撑，按屋面水平投影面积计算，跨度l以m计算
		木框玻璃窗	0.20～0.30	—
		钢框玻璃窗	0.40～0.45	—

续表

项次	名称		自重	备注
12	屋架、门窗/(kN/m²)	木门	0.10～0.20	—
		钢铁门	0.40～0.45	—
13	屋顶/(kN/m²)	黏土平瓦屋面	0.55	按实际面积计算，下同
		水泥平瓦屋面	0.50～0.55	—
		小青瓦屋面	0.90～1.10	—
		冷摊瓦屋面	0.50	—
		石板瓦屋面	0.46	厚6.3mm
		石板瓦屋面	0.71	厚9.5mm
		石板瓦屋面	0.96	厚12.1mm
		麦秸泥灰顶	0.16	以10mm厚计
		石棉板瓦	0.18	仅瓦自重
		波形石棉瓦	0.20	1820mm×725mm×8mm
		镀锌薄钢板	0.05	24号
		瓦楞铁	0.05	26号
		彩色钢板波形瓦	0.12～0.13	0.6mm厚彩色钢板
		拱形彩色钢板屋面	0.30	包括保温及灯具重0.15kN/m²
		有机玻璃屋面	0.06	厚1.0mm
		玻璃屋顶	0.30	9.5mm夹丝玻璃，框架自重在内
		玻璃砖顶	0.65	框架自重在内
		油毡防水层（包括改性沥青防水卷材）	0.05	一层油毡刷油两遍
			0.25～0.30	四层做法，一毡二油上铺小石子
			0.30～0.35	六层做法，二毡三油上铺小石子
			0.35～0.40	八层做法，三毡四油上铺小石子
		捷罗克防水层	0.10	厚8mm
		屋顶天窗	0.35～0.40	9.5mm夹丝玻璃，框架自重在内
14	顶棚/(kN/m²)	钢丝网抹灰吊顶	0.45	—
		麻刀灰板条顶棚	0.45	吊木在内，平均灰厚20mm
		砂子灰板条顶棚	0.55	吊木在内，平均灰厚25mm
		苇箔抹灰顶棚	0.48	吊木龙骨在内
		松木板顶棚	0.25	吊木在内
		三夹板顶棚	0.18	吊木在内
		马粪纸顶棚	0.15	吊木及盖缝条在内
		木丝板吊顶棚	0.26	厚25mm，吊木及盖缝条在内

续表

项次	名称		自重	备注
14	顶棚/(kN/m^2)	木丝板吊顶棚	0.29	厚30mm，吊木及盖缝条在内
		隔声纸板顶棚	0.17	厚10mm，吊木及盖缝条在内
		隔声纸板顶棚	0.18	厚13mm，吊木及盖缝条在内
		隔声纸板顶棚	0.20	厚20mm，吊木及盖缝条在内
		V形轻钢龙骨吊顶	0.12	一层9mm纸面石膏板，无保温层
			0.17	二层9mm纸面石膏板，有厚50mm的岩棉板保温层
			0.20	二层9mm纸面石膏板，无保温层
			0.25	二层9mm纸面石膏板，有厚50mm的岩棉板保温层
		V形轻钢龙骨及铝合金龙骨吊顶	0.10～0.12	一层矿棉吸声板厚15mm，无保温层
		顶棚上铺焦渣锯末绝缘层	0.20	厚50mm焦渣、锯末按1∶5混合
15	地面/(kN/m^2)	地板格栅	0.20	仅格栅自重
		硬木地板	0.20	厚25mm，剪刀撑、钉子等自重在内，不包括格栅自重
		松木地板	0.18	—
		小瓷砖地面	0.55	包括水泥粗砂打底
		水泥花砖地面	0.60	砖厚25mm，包括水泥粗砂打底
		水磨石地面	0.65	10mm面层，20mm水泥砂浆打底
		油毡地面	0.02～0.03	油地纸，地板表面用
		木块地面	0.70	加防腐油膏铺砌厚76mm
		菱苦土地面	0.28	厚20mm
		铸铁地面	4.00～5.00	60mm碎石垫层，60mm面层
		缸砖地面	1.70～2.10	60mm砂垫层，53mm棉层，平铺
		缸砖地面	3.30	60mm砂垫层，115mm棉层，侧铺
		黑砖地面	1.50	砂垫层，平铺
16	建筑用压型钢板/(kN/m^2)	单波型V-300（S-30）	0.120	波高173mm，板厚0.8mm
		双波型W-500	0.110	波高130mm，板厚0.8mm
		三波型V-200	0.135	波高70mm，板厚1mm
		多波型V-125	0.065	波高35mm，板厚0.6mm
		多波型V-115	0.079	波高35mm，板厚0.6mm

项次	名称			自重	备注
17	建筑墙板/(kN/m²)	彩色钢板金属幕墙板		0.11	两层，彩色钢板厚 0.6mm，聚苯乙烯芯材厚 25mm
		金属绝热材料（聚氨酯）复合板		0.14	板厚 40mm，钢板厚 0.6mm
				0.15	板厚 60mm，钢板厚 0.6mm
				0.16	板厚 80mm，钢板厚 0.6mm
		彩色钢板夹聚苯乙烯保温板		0.12～0.15	两层，彩色钢板厚 0.6mm，聚苯乙烯芯材厚（50～250）mm
		彩色钢板岩棉夹心板		0.24	板厚 100mm，两层彩色钢板，Z 型龙骨岩棉芯材
				0.25	板厚 120mm，两层彩色钢板，Z 型龙骨岩棉芯材
		GRC 增强水泥聚苯复合保温板		1.13	—
		GRC 空心隔墙板		0.30	长：(2400～2800) mm，宽：600mm，厚：60mm
		GRC 内隔墙板		0.35	长：(2400～2800) mm，宽：600mm，厚：60mm
		轻质 GRC 保温板		0.14	3000mm×600mm×60mm
		轻质 GRC 空心隔墙板		0.17	3000mm×600mm×60mm
		轻质大型墙板（太空板）系列		0.70～0.90	6000mm×1500mm×120mm，高强水泥发泡芯材
		轻质条型墙板（太空板系列）	厚度 80mm	0.40	标准规格 3000mm×1000(1200、1500)mm 高强水泥发泡芯材，按不同檩距及荷载配有不同钢骨架及冷拔钢丝网
			厚度 100mm	0.45	
			厚度 120mm	0.50	
		GRC 墙板		0.11	厚 10mm
		钢丝网岩棉夹芯复合板（GY 板）		1.10	岩棉芯材厚 50mm，双面钢丝网水泥砂浆各厚 25mm
		硅酸钙板		0.08	板厚 6mm
				0.10	板厚 8mm
				0.12	板厚 10mm
		泰柏板		0.95	板厚 10mm，钢丝网片夹聚苯乙烯保温层，每面抹水泥砂浆层 20mm
		蜂窝复合板		0.14	厚 75mm

续表

<table>
<tr><th>项次</th><th colspan="2">名　称</th><th>自重</th><th>备　注</th></tr>
<tr><td rowspan="3">17</td><td rowspan="3">建筑墙板/(kN/m²)</td><td>石膏珍珠岩空心条板</td><td>0.45</td><td>长（2500～3000）mm，宽600mm，厚60mm</td></tr>
<tr><td>加强型水泥石膏聚苯保温板</td><td>0.17</td><td>3000mm×600mm×60mm</td></tr>
<tr><td>玻璃幕墙</td><td>1.00～1.50</td><td>一般可按单位面积玻璃自重增大20%～30%采用</td></tr>
</table>

2.2.2 民用建筑楼面均布活荷载标准值及其组合值系数、频遇值系数和准永久值系数

表2-2　民用建筑楼面均布活荷载标准值及其组合值系数、频遇值系数和准永久值系数

项次	类　别	标准值/(kN/m²)	组合值系数 ψ_c	频遇值系数 ψ_f	准永久值系数 ψ_q
1	①住宅、宿舍、旅馆、办公楼、医院病房、托儿所、幼儿园 ②试验室、阅览室、会议室、医院门诊室	2.0 2.0	0.7 0.7	0.5 0.6	0.4 0.5
2	教室、食堂、餐厅、一般资料档案室	2.5	0.7	0.6	0.5
3	①礼堂、剧场、影院、有固定座位的看台 ②公共洗衣房	3.0 3.0	0.7 0.7	0.5 0.6	0.3 0.5
4	①商店、展览厅、车站、港口、机场大厅及其旅客等候室 ②无固定座位的看台	3.5 3.5	0.7 0.7	0.6 0.5	0.5 0.3
5	①健身房、演出舞台 ②运动场、舞厅	4.0 4.0	0.7 0.7	0.6 0.6	0.5 0.4
6	①书库、档案库、贮藏室 ②密集柜书库	5.0 12.0	0.9	0.9	0.8
7	通风机房、电梯机房	7.0	0.9	0.9	0.8
8	汽车通道及客车停车库： ①单向板楼盖（板跨不小于2m）和双向板楼盖（板跨不小于3m×3m） 客车 消防车 ②双向板楼盖（板跨不小于6m×6m）和无梁楼盖（柱网不小于6m×6m） 客车 消防车	 4.0 35.0 2.5 20.0	 0.7 0.7 0.7 0.7	 0.7 0.5 0.7 0.5	 0.6 0.0 0.6 0.0
9	厨房： ①一般情况 ②餐厅	 2.0 4.0	 0.7 0.7	 0.6 0.7	 0.5 0.7

续表

项次	类别	标准值/(kN/m^2)	组合值系数 ψ_c	频遇值系数 ψ_f	准永久值系数 ψ_q
10	浴室、卫生间、盥洗室	2.5	0.7	0.6	0.5
11	走廊、门厅： ①宿舍、旅馆、医院病房、托儿所、幼儿园、住宅 ②办公楼、餐厅、医院门诊部 ③教学楼及其他可能出现人员密集的情况	 2.0 2.5 3.5	 0.7 0.7 0.7	 0.5 0.6 0.5	 0.4 0.5 0.3
12	楼梯： ①多层住宅 ②其他	 2.0 3.5	 0.7 0.7	 0.5 0.5	 0.4 0.3
13	阳台： ①一般情况 ②可能出现人员密集的情况	 2.5 3.5	0.7	0.6	0.5

注： 1. 本表所给各项活荷载适用于一般使用条件，当使用荷载较大、情况特殊或有专门要求时，应按实际情况采用。

2. 第6项书库活荷载当书架高度大于2m时，书库活荷载尚应按每米书架高度不小于2.5kN/m^2确定。
3. 第8项中的客车活荷载只适用停放载人少于9人的客车；消防车活荷载是适用于满载总重为300kN的大型车辆；当不符合本表的要求时，应将车轮的局部荷载按结构效应的等效原则，换算为等效均布荷载。
4. 第8项消防车活荷载，当双向板楼盖板跨介于3m×3m～6m×6m时，应按跨度线性插值确定。常用板跨消防车活荷载覆土厚度折减系数不应小于《建筑结构荷载规范》（GB 50009—2012）附录B规定的值。
5. 第12项楼梯活荷载，对预制楼梯踏步平板，尚应按1.5kN集中荷载验算。
6. 本表各项荷载不包括隔墙自重和二次装修荷载。对固定隔墙的自重应按永久荷载考虑，当隔墙位置可灵活自由布置时，非固定隔墙的自重应取不小于1/3的每延米长墙厚（kN/m）作为楼面活荷载的附加值（kN/m^2）计入，且附加值不应小于1.0kN/m^2。

2.2.3 活荷载按楼层的折减系数

表2-3　　活荷载按楼层的折减系数

墙、柱、基础计算截面以上的层数	1	2～3	4～5	6～8	9～20	>20
计算截面以上各楼层活荷载总和的折减系数	1.00（0.90）	0.85	0.70	0.65	0.60	0.55

注： 当楼面梁的从属面积超过25m^2时，应采用括号内的系数。

2.2.4 屋面均布活荷载标准值及其组合值系数、频遇值系数和准永久值系数

表2-4　屋面均布活荷载标准值及其组合值系数、频遇值系数和准永久值系数

项　次	类　别	标准值/(kN/m^2)	组合值系数 ψ_c	频遇值系数 ψ_f	准永久值系数 ψ_q
1	不上人的屋面	0.5	0.7	0.5	0.0
2	上人的屋面	2.0	0.7	0.5	0.4

续表

项　次	类　别	标准值/(kN/m²)	组合值系数 ψ_c	频遇值系数 ψ_f	准永久值系数 ψ_q
3	屋顶花园	3.0	0.7	0.6	0.5
4	屋顶运动场	3.0	0.7	0.6	0.0.4

注：1. 不上人的屋面。当施工或维修荷载较大时，应按实际情况采用；对不同类型的结构应按有关设计规范的规定采用，但不得低于0.3kN/m²。
2. 当上人的屋面兼作其他用途时，应按相应楼面活荷载采用。
3. 对于因屋面排水不畅、堵塞等引起的积水荷载，应采取构造措施加以防止；必要时，应按积水的可能深度确定屋面活荷载。
4. 屋顶花园活荷载不应包括花圃土石等材料自重。

2.2.5 局部荷载标准值及其作用面积

表2-5　局部荷载标准值及其作用面积

直升机类型	局部荷载标准值/kN	作用面积/m²
轻型	20.0	0.20×0.20
中型	40.0	0.25×0.25
重型	60.0	0.30×0.30

2.2.6 全国各城市的雪压、风压和基本气温

表2-6　全国各城市的雪压、风压和基本气温

省(区)市名	城市名	海拔高度/m	风压/(kN/m²)			雪压/(kN/m²)			基本气温/℃		雪荷载准永久值系数分区
			$R=10$	$R=50$	$R=100$	$R=10$	$R=50$	$R=100$	最低	最高	
北京	北京市	54.0	0.30	0.45	0.50	0.25	0.40	0.45	−13	36	Ⅱ
天津	天津市	3.3	0.30	0.50	0.60	0.25	0.40	0.45	−12	35	Ⅱ
	塘沽	3.2	0.40	0.55	0.65	0.20	0.35	0.40	−12	35	Ⅱ
上海	上海市	2.8	0.40	0.55	0.60	0.10	0.20	0.25	−4	36	Ⅲ
重庆	重庆市	259.1	0.25	0.40	0.45	—	—	—	1	37	—
	奉节	607.3	0.25	0.35	0.45	0.20	0.35	0.40	−1	35	Ⅲ
	梁平	454.6	0.20	0.30	0.35	—	—	—	−1	36	—
	万州	186.7	0.20	0.35	0.45	—	—	—	0	38	—
	涪陵	273.5	0.20	0.30	0.35	—	—	—	1	37	—
	金佛山	1905.9	—	—	—	0.35	0.50	0.60	−10	25	Ⅱ
河北	石家庄市	80.5	0.25	0.35	0.40	0.20	0.30	0.35	−11	36	Ⅱ
	蔚县	909.5	0.20	0.30	0.35	0.20	0.30	0.35	−24	33	Ⅱ
	邢台市	76.8	0.20	0.30	0.35	0.25	0.35	0.40	−10	36	Ⅱ

续表

省（区）市名	城市名	海拔高度/m	风压/(kN/m²)			雪压/(kN/m²)			基本气温/℃		雪荷载准永久值系数分区
			R=10	R=50	R=100	R=10	R=50	R=100	最低	最高	
河北	丰宁	659.7	0.30	0.40	0.45	0.15	0.25	0.30	−22	33	Ⅱ
	围场	842.8	0.35	0.45	0.50	0.20	0.30	0.35	−23	32	Ⅱ
	张家口市	724.2	0.35	0.55	0.60	0.15	0.25	0.30	−18	34	Ⅱ
	怀来	536.8	0.25	0.35	0.40	0.15	0.20	0.25	−17	35	Ⅱ
	承德	377.2	0.30	0.40	0.45	0.20	0.30	0.35	−19	35	Ⅱ
	遵化	54.9	0.30	0.40	0.45	0.25	0.40	0.50	−18	35	Ⅱ
	青龙	227.2	0.25	0.30	0.35	0.25	0.40	0.45	−19	34	Ⅱ
	秦皇岛市	2.1	0.35	0.45	0.50	0.15	0.25	0.30	−15	33	Ⅱ
	霸县	9.0	0.25	0.40	0.45	0.20	0.30	0.35	−14	36	Ⅱ
	唐山市	27.8	0.30	0.40	0.45	0.20	0.35	0.40	−15	35	Ⅱ
	乐亭	10.5	0.30	0.40	0.45	0.25	0.40	0.45	−16	34	Ⅱ
	保定市	17.2	0.30	0.40	0.45	0.20	0.35	0.40	−12	36	Ⅱ
	饶阳	18.9	0.30	0.35	0.40	0.20	0.30	0.35	−14	36	Ⅱ
	沧州市	9.6	0.30	0.40	0.45	0.20	0.30	0.35	—	—	Ⅱ
	黄骅	6.6	0.30	0.40	0.45	0.20	0.30	0.35	−13	36	Ⅱ
	南宫市	27.4	0.25	0.35	0.40	0.15	0.25	0.30	−13	37	Ⅱ
山西	太原市	778.3	0.30	0.40	0.45	0.25	0.35	0.40	−16	34	Ⅱ
	右玉	1345.8	—	—	—	0.20	0.30	0.35	−29	31	Ⅱ
	大同市	1067.2	0.35	0.55	0.65	0.15	0.25	0.30	−22	32	Ⅱ
	河曲	861.5	0.30	0.50	0.60	0.20	0.30	0.35	−24	35	Ⅱ
	五寨	1401.0	0.30	0.40	0.45	0.20	0.25	0.30	−25	31	Ⅱ
	兴县	1012.6	0.25	0.45	0.55	0.20	0.25	0.30	−19	34	Ⅱ
	原平	828.2	0.30	0.50	0.60	0.20	0.30	0.35	−19	34	Ⅱ
	离石	950.8	0.30	0.45	0.50	0.20	0.30	0.35	−19	34	Ⅱ
	阳泉市	741.9	0.30	0.40	0.45	0.20	0.35	0.40	−13	34	Ⅱ
	榆社	1041.4	0.20	0.30	0.35	0.20	0.30	0.35	−17	33	Ⅱ
	隰县	1052.7	0.25	0.35	0.40	0.20	0.30	0.35	−16	34	Ⅱ
	介休	743.9	0.25	0.40	0.45	0.20	0.30	0.35	−15	35	Ⅱ
	临汾市	449.5	0.25	0.40	0.45	0.15	0.25	0.30	−14	37	Ⅱ
	长治县	991.8	0.30	0.50	0.60	—	—	—	−15	32	—
	运城市	376.0	0.30	0.45	0.50	0.15	0.25	0.30	−11	38	Ⅱ
	阳城	659.5	0.30	0.45	0.50	0.20	0.30	0.35	−12	34	Ⅱ

续表

省(区)市名	城市名	海拔高度/m	风压/(kN/m²)			雪压/(kN/m²)			基本气温/℃		雪荷载准永久值系数分区
			$R=10$	$R=50$	$R=100$	$R=10$	$R=50$	$R=100$	最低	最高	
内蒙古	呼和浩特市	1063.0	0.35	0.55	0.60	0.25	0.40	0.45	−23	33	Ⅱ
	额右旗拉布达林	581.4	0.35	0.50	0.60	0.35	0.45	0.50	−41	30	Ⅰ
	牙克石市图里河	732.6	0.30	0.40	0.45	0.40	0.60	0.70	−42	28	Ⅰ
	满洲里	661.7	0.50	0.65	0.70	0.20	0.30	0.35	−35	30	Ⅰ
	海拉尔	610.2	0.45	0.65	0.75	0.35	0.45	0.50	−38	30	Ⅰ
	鄂伦春小二沟	286.1	0.30	0.40	0.45	0.35	0.50	0.55	−40	31	Ⅰ
	新巴尔虎右旗	554.2	0.45	0.60	0.65	0.25	0.40	0.45	−32	32	Ⅰ
	新巴尔虎左旗阿木古朗	642.0	0.40	0.55	0.60	0.25	0.35	0.40	−34	31	Ⅰ
	牙克石市博克图	739.7	0.40	0.55	0.60	0.35	0.55	0.65	−31	28	Ⅰ
	扎兰屯市	306.5	0.30	0.40	0.45	0.35	0.55	0.65	−28	32	Ⅰ
	科右翼前旗阿尔山	1027.4	0.35	0.50	0.55	0.45	0.60	0.70	−37	27	Ⅰ
	科右翼前旗索伦	501.8	0.45	0.55	0.60	0.25	0.35	0.40	−30	31	Ⅰ
	乌兰浩特	274.7	0.40	0.55	0.60	0.20	0.30	0.35	−27	32	Ⅰ
	东乌珠穆沁旗	838.7	0.35	0.55	0.65	0.20	0.30	0.35	−33	32	Ⅰ
	额济纳旗	940.5	0.40	0.60	0.70	0.05	0.10	0.15	−23	39	Ⅱ
	额济纳旗拐子湖	960.0	0.45	0.55	0.60	0.05	0.10	0.10	−23	39	Ⅱ
	阿左旗巴彦毛道	1328.1	0.40	0.55	0.60	0.10	0.15	0.20	−23	35	Ⅱ
	阿拉善右旗	1510.1	0.45	0.55	0.60	0.05	0.10	0.10	−20	35	Ⅱ
	二连浩特	964.7	0.55	0.65	0.70	0.15	0.25	0.30	−30	34	Ⅱ
	那仁宝力格	1181.6	0.40	0.55	0.60	0.20	0.30	0.35	−33	31	Ⅰ
	达茂旗满都拉	1225.2	0.50	0.75	0.85	0.15	0.20	0.25	−25	34	Ⅱ
	阿巴嘎旗	1126.1	0.35	0.50	0.55	0.30	0.45	0.50	−33	31	Ⅰ
	苏尼特左旗	1111.4	0.40	0.50	0.55	0.25	0.35	0.40	−32	33	Ⅰ
	乌拉特后旗海力素	1509.6	0.45	0.50	0.55	0.10	0.15	0.20	−25	33	Ⅱ
	苏尼特右旗朱日和	1150.8	0.50	0.65	0.75	0.15	0.20	0.25	−26	33	Ⅱ
	乌拉特中旗海流图	1288.0	0.45	0.60	0.65	0.20	0.30	0.35	−26	33	Ⅱ
	百灵庙	1376.6	0.50	0.75	0.85	0.25	0.35	0.40	−27	32	Ⅱ
	四子王旗	1490.1	0.40	0.60	0.70	0.30	0.45	0.55	−26	30	Ⅱ
	化德	1482.7	0.45	0.75	0.85	0.15	0.25	0.30	−26	29	Ⅱ
	杭锦后旗陕坝	1056.7	0.30	0.45	0.50	0.15	0.20	0.25	—	—	Ⅱ

续表

省(区)市名	城市名	海拔高度/m	风压/(kN/m²)			雪压/(kN/m²)			基本气温/℃		雪荷载准永久值系数分区
			R=10	R=50	R=100	R=10	R=50	R=100	最低	最高	
内蒙古	包头市	1067.2	0.35	0.55	0.60	0.15	0.25	0.30	−23	34	Ⅱ
	集宁市	1419.3	0.40	0.60	0.70	0.25	0.35	0.40	−25	30	Ⅱ
	阿拉善左旗吉兰泰	1031.8	0.35	0.50	0.55	0.05	0.10	0.15	−23	37	Ⅱ
	临河市	1039.3	0.30	0.50	0.60	0.15	0.25	0.30	−21	35	Ⅱ
	鄂托克旗	1380.3	0.35	0.55	0.65	0.15	0.20	0.20	−23	33	Ⅱ
	东胜市	1460.4	0.30	0.50	0.60	0.25	0.35	0.40	−21	31	Ⅱ
	阿腾席连	1329.3	0.40	0.50	0.55	0.20	0.30	0.35	—	—	Ⅱ
	巴彦浩特	1561.4	0.40	0.60	0.70	0.15	0.20	0.25	−19	33	Ⅱ
	西乌珠穆沁旗	995.9	0.45	0.55	0.60	0.30	0.40	0.45	−30	30	Ⅰ
	扎鲁特鲁北	265.0	0.40	0.55	0.60	0.20	0.30	0.35	−23	34	Ⅱ
	巴林左旗林东	484.4	0.40	0.55	0.60	0.20	0.30	0.35	−26	32	Ⅱ
	锡林浩特	989.5	0.40	0.55	0.60	0.20	0.40	0.45	−30	31	Ⅰ
	林西	799.0	0.45	0.60	0.70	0.25	0.40	0.45	−25	32	Ⅰ
	开鲁	241.0	0.40	0.55	0.60	0.20	0.30	0.35	−25	34	Ⅱ
	通辽	178.5	0.40	0.55	0.60	0.20	0.30	0.35	−25	33	Ⅱ
	多伦	1245.4	0.40	0.55	0.60	0.20	0.30	0.35	−28	30	Ⅰ
	翁牛特旗乌丹	631.8	—	—	—	0.20	0.30	0.35	−23	32	Ⅱ
	赤峰	571.1	0.30	0.55	0.65	0.20	0.30	0.35	−23	33	Ⅱ
	敖汉旗宝国图	400.5	0.40	0.50	0.55	0.25	0.40	0.45	−23	33	Ⅱ
辽宁	沈阳	42.8	0.40	0.55	0.60	0.30	0.50	0.55	−24	33	Ⅰ
	彰武	79.4	0.35	0.45	0.50	0.20	0.30	0.35	−22	33	Ⅱ
	阜新	144.0	0.40	0.60	0.70	0.25	0.40	0.45	−23	33	Ⅱ
	开原	98.2	0.30	0.45	0.50	0.35	0.45	0.55	−27	33	Ⅰ
	清原	234.1	0.25	0.40	0.45	0.45	0.70	0.80	−27	33	Ⅰ
	朝阳	169.2	0.40	0.55	0.60	0.30	0.45	0.55	−23	35	Ⅱ
	建平叶柏寿	421.7	0.30	0.35	0.40	0.25	0.35	0.40	−22	35	Ⅱ
	黑山	37.5	0.45	0.65	0.75	0.30	0.45	0.50	−21	33	Ⅱ
	锦州	65.9	0.40	0.60	0.70	0.30	0.40	0.45	−18	33	Ⅱ
	鞍山	77.3	0.30	0.50	0.60	0.30	0.45	0.55	−18	34	Ⅱ
	本溪	185.2	0.35	0.45	0.50	0.40	0.55	0.60	−24	33	Ⅰ
	抚顺章党	118.5	0.30	0.45	0.50	0.35	0.45	0.50	−28	33	Ⅰ

续表

省(区)市名	城市名	海拔高度/m	风压/(kN/m²)			雪压/(kN/m²)			基本气温/℃		雪荷载准永久值系数分区
			R=10	R=50	R=100	R=10	R=50	R=100	最低	最高	
辽宁	桓仁	240.3	0.25	0.30	0.35	0.35	0.50	0.55	−25	32	Ⅰ
	绥中	15.3	0.25	0.40	0.45	0.25	0.35	0.40	−19	33	Ⅱ
	兴城	8.8	0.35	0.45	0.50	0.20	0.30	0.35	−19	32	Ⅱ
	营口	3.3	0.40	0.65	0.75	0.30	0.40	0.45	−20	33	Ⅱ
	盖县熊岳	20.4	0.30	0.40	0.45	0.25	0.40	0.45	−22	33	Ⅱ
	本溪县草河口	233.4	0.25	0.45	0.55	0.35	0.55	0.60	—	—	Ⅰ
	岫岩	79.3	0.30	0.45	0.50	0.35	0.50	0.55	−22	33	Ⅱ
	宽甸	260.1	0.30	0.50	0.60	0.40	0.60	0.70	−26	32	Ⅱ
	丹东	15.1	0.35	0.55	0.65	0.30	0.40	0.45	−18	32	Ⅱ
	瓦房店	29.3	0.35	0.50	0.55	0.20	0.30	0.35	−17	32	Ⅱ
	新金县皮口	43.2	0.35	0.50	0.55	0.20	0.30	0.35	—	—	Ⅱ
	庄河	34.8	0.35	0.50	0.55	0.25	0.35	0.40	−19	32	Ⅱ
	大连	91.5	0.40	0.65	0.75	0.25	0.40	0.45	−13	32	Ⅱ
吉林	长春市	236.8	0.45	0.65	0.75	0.30	0.45	0.50	−26	32	Ⅰ
	白城	155.4	0.45	0.65	0.75	0.15	0.20	0.25	−29	33	Ⅱ
	乾安	146.3	0.35	0.45	0.55	0.15	0.20	0.23	−28	33	Ⅱ
	前郭尔罗斯	134.7	0.30	0.45	0.50	0.15	0.25	0.30	−28	33	Ⅱ
	通榆	149.5	0.35	0.50	0.55	0.15	0.25	0.30	−28	33	Ⅱ
	长岭	189.3	0.30	0.45	0.50	0.15	0.20	0.25	−27	32	Ⅱ
	扶余市三岔河	196.6	0.40	0.60	0.70	0.25	0.35	0.40	−29	32	Ⅱ
	双辽	114.9	0.35	0.50	0.55	0.20	0.30	0.35	−27	33	Ⅰ
	四平市	164.2	0.40	0.55	0.60	0.20	0.35	0.40	−24	33	Ⅱ
	磐石县烟筒山	271.6	0.30	0.40	0.45	0.25	0.40	0.45	−31	31	Ⅰ
	吉林市	183.4	0.40	0.50	0.55	0.30	0.45	0.50	−31	32	Ⅰ
	蛟河	295.0	0.30	0.45	0.50	0.50	0.75	0.85	−31	32	Ⅰ
	敦化市	523.7	0.30	0.45	0.50	0.30	0.50	0.60	−29	30	Ⅰ
	梅河口	339.9	0.30	0.40	0.45	0.30	0.45	0.50	−27	32	Ⅰ
	桦甸	263.8	0.30	0.40	0.45	0.40	0.65	0.75	−33	32	Ⅰ
	靖宇	549.2	0.25	0.35	0.40	0.40	0.60	0.70	−32	31	Ⅰ
	扶松县东岗	774.2	0.30	0.45	0.55	0.80	1.15	1.30	−27	30	Ⅰ
	延吉市	176.8	0.35	0.50	0.55	0.35	0.55	0.65	−26	32	Ⅰ

续表

省（区）市名	城市名	海拔高度/m	风压/(kN/m²)			雪压/(kN/m²)			基本气温/℃		雪荷载准永久值系数分区
			$R=10$	$R=50$	$R=100$	$R=10$	$R=50$	$R=100$	最低	最高	
吉林	通化市	402.9	0.30	0.50	0.60	0.50	0.80	0.90	−27	32	Ⅰ
	浑江市临江	332.7	0.20	0.30	0.30	0.45	0.70	0.80	−27	33	Ⅰ
	集安	177.7	0.20	0.30	0.35	0.45	0.70	0.80	−26	33	Ⅰ
	长白	1016.7	0.35	0.45	0.50	0.40	0.60	0.70	−28	29	Ⅰ
黑龙江	哈尔滨	142.3	0.35	0.55	0.70	0.30	0.45	0.50	−31	32	Ⅰ
	漠河	296.0	0.25	0.35	0.40	0.60	0.75	0.85	−42	30	Ⅰ
	塔河	357.4	0.25	0.30	0.35	0.50	0.65	0.75	−38	30	Ⅰ
	新林	494.6	0.25	0.35	0.40	0.50	0.65	0.75	−40	29	Ⅰ
	呼玛	177.4	0.30	0.50	0.60	0.45	0.60	0.70	−40	31	Ⅰ
	加格达奇	371.7	0.25	0.35	0.40	0.45	0.65	0.70	−38	30	Ⅰ
	黑河	166.4	0.35	0.50	0.55	0.60	0.75	0.85	−35	31	Ⅰ
	嫩江	242.2	0.40	0.55	0.60	0.40	0.55	0.60	−39	31	Ⅰ
	孙吴	234.5	0.40	0.60	0.70	0.45	0.60	0.70	−40	31	Ⅰ
	北安	269.7	0.30	0.50	0.60	0.40	0.55	0.60	−36	31	Ⅰ
	克山	234.6	0.30	0.45	0.50	0.30	0.50	0.55	−34	31	Ⅰ
	富裕	162.4	0.30	0.40	0.45	0.25	0.35	0.40	−34	32	Ⅰ
	齐齐哈尔	145.9	0.35	0.45	0.50	0.25	0.40	0.45	−30	32	Ⅰ
	海伦	239.2	0.35	0.55	0.65	0.30	0.40	0.45	−32	31	Ⅰ
	明水	249.2	0.35	0.45	0.50	0.25	0.40	0.45	−30	31	Ⅰ
	伊春	240.9	0.25	0.35	0.40	0.50	0.65	0.75	−36	31	Ⅰ
	鹤岗	227.9	0.30	0.40	0.45	0.45	0.65	0.70	−27	31	Ⅰ
	富锦	64.2	0.30	0.45	0.50	0.40	0.55	0.60	−30	31	Ⅰ
	泰来	149.5	0.30	0.45	0.50	0.20	0.30	0.35	−28	33	Ⅰ
	绥化	179.6	0.35	0.55	0.65	0.35	0.50	0.60	−32	31	Ⅰ
	安达	149.3	0.35	0.55	0.65	0.20	0.30	0.35	−31	32	Ⅰ
	铁力	210.5	0.25	0.35	0.40	0.50	0.75	0.85	−34	31	Ⅰ
	佳木斯	81.2	0.40	0.65	0.75	0.60	0.85	0.95	−30	32	Ⅰ
	依兰	100.1	0.45	0.65	0.75	0.30	0.45	0.50	−29	32	Ⅰ
	宝清	83.0	0.30	0.40	0.45	0.55	0.85	1.00	−30	31	Ⅰ
	通河	108.6	0.35	0.50	0.55	0.50	0.75	0.85	−33	32	Ⅰ
	尚志	189.7	0.35	0.55	0.60	0.40	0.55	0.60	−32	32	Ⅰ

续表

省（区）市名	城市名	海拔高度/m	风压/(kN/m²)			雪压/(kN/m²)			基本气温/℃		雪荷载准永久值系数分区
			R=10	R=50	R=100	R=10	R=50	R=100	最低	最高	
黑龙江	鸡西	233.6	0.40	0.55	0.65	0.45	0.65	0.75	−27	32	Ⅰ
	虎林	100.2	0.35	0.45	0.50	0.95	1.40	1.60	−29	31	Ⅰ
	牡丹江	241.4	0.35	0.50	0.55	0.50	0.75	0.85	−28	32	Ⅰ
	绥芬河	496.7	0.40	0.60	0.70	0.60	0.75	0.85	−30	29	Ⅰ
山东	济南	51.6	0.30	0.45	0.50	0.20	0.30	0.35	−9	36	Ⅱ
	德州	21.2	0.30	0.45	0.50	0.20	0.35	0.40	−11	36	Ⅱ
	惠民	11.3	0.40	0.50	0.55	0.25	0.35	0.40	−13	36	Ⅱ
	寿光县羊角沟	4.4	0.30	0.45	0.50	0.15	0.25	0.30	−11	36	Ⅱ
	龙口	4.8	0.45	0.60	0.65	0.25	0.35	0.40	−11	35	Ⅱ
	烟台	46.7	0.40	0.55	0.60	0.30	0.40	0.45	−8	32	Ⅱ
	威海	46.6	0.45	0.65	0.75	0.30	0.50	0.60	−8	32	Ⅱ
	荣成市成山头	47.7	0.60	0.70	0.75	0.25	0.40	0.45	−7	30	Ⅱ
	莘县朝城	42.7	0.35	0.45	0.50	0.25	0.35	0.40	−12	36	Ⅱ
	泰安市泰山	1533.7	0.65	0.85	0.95	0.40	0.55	0.60	−16	25	Ⅱ
	泰安市	128.8	0.30	0.40	0.45	0.20	0.35	0.40	−12	33	Ⅱ
	淄博市张店	34.0	0.30	0.40	0.45	0.30	0.45	0.50	−12	36	Ⅱ
	沂源	304.5	0.30	0.35	0.40	0.20	0.30	0.35	−13	35	Ⅱ
	维坊	44.1	0.30	0.40	0.45	0.25	0.35	0.40	−12	36	Ⅱ
	莱阳	30.5	0.30	0.40	0.45	0.15	0.25	0.30	−13	35	Ⅱ
	青岛	76.0	0.45	0.60	0.70	0.15	0.20	0.25	−9	33	Ⅱ
	海阳	65.2	0.40	0.55	0.60	0.10	0.15	0.15	−10	33	Ⅱ
	荣成市石岛	33.7	0.40	0.55	0.65	0.10	0.15	0.15	−8	31	Ⅱ
	荷泽市	49.7	0.25	0.40	0.45	0.20	0.30	0.35	−10	36	Ⅱ
	兖州	51.7	0.25	0.40	0.45	0.25	0.35	0.45	−11	36	Ⅱ
	营县	107.4	0.25	0.35	0.40	0.20	0.35	0.40	−11	35	Ⅱ
	临沂	87.9	0.30	0.40	0.45	0.25	0.40	0.45	−10	35	Ⅱ
	日照市	16.1	0.30	0.40	0.45	—	—	—	−8	33	—
江苏	南京	8.9	0.25	0.40	0.45	0.40	0.65	0.75	−6	37	Ⅱ
	徐州	41.0	0.25	0.35	0.40	0.25	0.35	0.40	−8	35	Ⅱ
	赣榆	2.1	0.30	0.45	0.50	0.25	0.35	0.40	−8	35	Ⅱ
	盱眙	34.5	0.25	0.35	0.40	0.20	0.30	0.35	−7	36	Ⅱ

续表

省（区）市名	城市名	海拔高度/m	风压/(kN/m²)			雪压/(kN/m²)			基本气温/℃		雪荷载准永久值系数分区
			R=10	R=50	R=100	R=10	R=50	R=100	最低	最高	
江苏	淮阴	17.5	0.25	0.40	0.45	0.25	0.40	0.45	−7	35	Ⅱ
	射阳	2.0	0.30	0.40	0.45	0.15	0.20	0.25	−7	35	Ⅲ
	镇江	26.5	0.30	0.40	0.45	0.25	0.35	0.40	—	—	Ⅲ
	无锡	6.7	0.30	0.45	0.50	0.30	0.40	0.45	—	—	Ⅲ
	泰州	6.6	0.25	0.40	0.45	0.25	0.35	0.40	—	—	Ⅲ
	连云港	3.7	0.35	0.55	0.65	0.25	0.40	0.45	—	—	Ⅱ
	盐城	3.6	0.25	0.45	0.55	0.20	0.35	0.40	—	—	Ⅲ
	高邮	5.4	0.25	0.40	0.45	0.20	0.35	0.40	−6	36	Ⅲ
	东台	4.3	0.30	0.40	0.45	0.20	0.30	0.35	−6	36	Ⅲ
	南通	5.3	0.30	0.45	0.50	0.15	0.25	0.30	−4	36	Ⅲ
	启东县吕泗	5.5	0.35	0.50	0.55	0.10	0.20	0.25	−4	35	Ⅲ
	常州	4.9	0.25	0.40	0.45	0.20	0.35	0.40	−4	37	Ⅲ
	溧阳	7.2	0.25	0.40	0.45	0.30	0.50	0.55	−5	37	Ⅲ
	吴县东山	17.5	0.30	0.45	0.50	0.25	0.40	0.45	−5	36	Ⅲ
浙江	杭州	41.7	0.30	0.45	0.50	0.30	0.45	0.50	−4	38	Ⅲ
	临安县天目山	1505.9	0.55	0.75	0.85	1.00	1.60	1.85	−11	28	Ⅱ
	平湖县乍浦	5.4	0.35	0.45	0.50	0.25	0.35	0.40	−5	36	Ⅲ
	慈溪	7.1	0.30	0.45	0.50	0.25	0.35	0.40	−4	37	Ⅲ
	嵊泗	79.6	0.85	1.30	1.55	—	—	—	−2	34	—
	嵊泗县嵊山	124.6	1.00	1.65	1.95	—	—	—	0	30	—
	舟山	35.7	0.50	0.85	1.00	0.30	0.50	0.60	−2	35	Ⅲ
	金华	62.6	0.25	0.35	0.40	0.35	0.55	0.65	−3	39	Ⅲ
	嵊县	104.3	0.25	0.40	0.50	0.35	0.55	0.65	−3	39	Ⅲ
	宁波	4.2	0.30	0.50	0.60	0.20	0.30	0.35	−3	37	Ⅲ
	象山石浦	128.4	0.75	1.20	1.45	0.20	0.30	0.35	−2	35	Ⅲ
	衢州	66.9	0.25	0.35	0.40	0.30	0.50	0.60	−3	38	Ⅲ
	丽水	60.8	0.20	0.30	0.35	0.30	0.45	0.50	−3	39	Ⅲ
	龙泉	198.4	0.20	0.30	0.35	0.35	0.55	0.65	−2	38	Ⅲ
	临海市括苍山	1383.1	0.60	0.90	1.05	0.45	0.65	0.75	−8	29	Ⅲ
	温州	6.0	0.35	0.60	0.70	0.25	0.35	0.40	0	36	Ⅲ
	椒江市洪家	1.3	0.35	0.55	0.65	0.20	0.30	0.35	−2	36	Ⅲ

续表

省(区)市名	城市名	海拔高度/m	风压/(kN/m²)			雪压/(kN/m²)			基本气温/℃		雪荷载准永久值系数分区
			R=10	R=50	R=100	R=10	R=50	R=100	最低	最高	
浙江	椒江市下大陈	86.2	0.95	1.45	1.75	0.25	0.35	0.40	−1	33	Ⅲ
	玉环县坎门	95.9	0.70	1.20	1.45	0.20	0.35	0.40	0	34	Ⅲ
	瑞安市北麂	42.3	1.00	1.80	2.20	—	—	—	2	33	—
安徽	合肥	27.9	0.25	0.35	0.40	0.40	0.60	0.70	−6	37	Ⅱ
	砀山	43.2	0.25	0.35	0.40	0.25	0.40	0.45	−9	36	Ⅱ
	亳州	37.7	0.25	0.45	0.55	0.25	0.40	0.45	−8	37	Ⅱ
	宿县	25.9	0.25	0.40	0.50	0.25	0.40	0.45	−8	36	Ⅱ
	寿县	22.7	0.25	0.35	0.40	0.30	0.50	0.55	−7	35	Ⅱ
	蚌埠	18.7	0.25	0.35	0.40	0.30	0.45	0.55	−6	36	Ⅱ
	滁县	25.3	0.25	0.35	0.40	0.30	0.50	0.60	−6	36	Ⅱ
	六安	60.5	0.20	0.35	0.40	0.35	0.55	0.60	−5	37	Ⅱ
	霍山	68.1	0.20	0.35	0.40	0.45	0.65	0.75	−6	37	Ⅱ
	巢湖	22.4	0.25	0.35	0.40	0.30	0.45	0.50	−5	37	Ⅱ
	安庆	19.8	0.25	0.40	0.45	0.20	0.35	0.40	−3	36	Ⅲ
	宁国	89.4	0.25	0.35	0.40	0.30	0.50	0.55	−6	38	Ⅲ
	黄山	1840.4	0.50	0.70	0.80	0.35	0.45	0.50	−11	24	Ⅲ
	黄山市	142.7	0.25	0.35	0.40	0.30	0.45	0.50	−3	38	Ⅲ
	阜阳	30.6	—	—	—	0.35	0.55	0.60	−7	36	Ⅱ
江西	南昌	46.7	0.30	0.45	0.55	0.30	0.45	0.50	−3	38	Ⅲ
	修水	146.8	0.20	0.30	0.35	0.25	0.40	0.50	−4	37	Ⅲ
	宜春	131.3	0.20	0.30	0.35	0.25	0.40	0.45	−3	38	Ⅲ
	吉安	76.4	0.25	0.30	0.35	0.25	0.35	0.45	−2	38	Ⅲ
	宁冈	263.1	0.20	0.30	0.35	0.30	0.45	0.50	−3	38	Ⅲ
	遂川	126.1	0.20	0.30	0.35	0.30	0.45	0.55	−1	38	Ⅲ
	赣州	123.8	0.20	0.30	0.35	0.20	0.35	0.40	−0	38	Ⅲ
	九江	36.1	0.25	0.35	0.40	0.30	0.40	0.45	−2	38	Ⅲ
	庐山	1164.5	0.40	0.55	0.60	0.60	0.95	1.05	−9	29	Ⅲ
	波阳	40.1	0.25	0.40	0.45	0.35	0.60	0.70	−3	38	Ⅲ
	景德镇	61.5	0.25	0.35	0.40	0.25	0.35	0.40	−3	38	Ⅲ
	樟树	30.4	0.20	0.30	0.35	0.25	0.40	0.45	−3	38	Ⅲ
	贵溪	51.2	0.20	0.30	0.35	0.35	0.50	0.60	−2	38	Ⅲ

续表

省(区)市名	城市名	海拔高度/m	风压/(kN/m²)			雪压/(kN/m²)			基本气温/℃		雪荷载准永久值系数分区
			$R=10$	$R=50$	$R=100$	$R=10$	$R=50$	$R=100$	最低	最高	
江西	玉山	116.3	0.20	0.30	0.35	0.35	0.55	0.65	−3	38	Ⅲ
	南城	80.8	0.25	0.30	0.35	0.20	0.35	0.40	−3	37	Ⅲ
	广昌	143.8	0.20	0.30	0.35	0.30	0.45	0.50	−2	38	Ⅲ
	寻乌	303.9	0.25	0.30	0.35	—	—	—	−0.3	37	—
福建	福州	83.8	0.40	0.70	0.85	—	—	—	3	37	—
	邵武	191.5	0.20	0.30	0.35	0.25	0.35	0.40	−1	37	Ⅲ
	崇安县七仙山	1401.9	0.55	0.70	0.80	0.40	0.60	0.70	−5	28	Ⅲ
	浦城	276.9	0.20	0.30	0.35	0.35	0.55	0.65	−2	37	Ⅲ
	建阳	196.9	0.25	0.35	0.40	0.35	0.50	0.55	−2	38	Ⅲ
	建瓯	154.9	0.25	0.35	0.40	0.25	0.35	0.40	0	38	Ⅲ
	福鼎	36.2	0.35	0.70	0.90	—	—	—	1	37	—
	泰宁	342.9	0.20	0.30	0.35	0.30	0.50	0.60	−2	37	Ⅲ
	南平	125.6	0.20	0.35	0.45	—	—	—	2	38	—
	福鼎县台山	106.6	0.75	1.00	1.10	—	—	—	4	30	—
	长汀	310.0	0.20	0.35	0.40	0.15	0.25	0.30	−0	36	Ⅲ
	上杭	197.9	0.25	0.30	0.35	—	—	—	2	36	—
	永安	206.0	0.25	0.40	0.45	—	—	—	2	38	—
	龙岩	342.3	0.20	0.35	0.45	—	—	—	3	36	—
	德化县九仙山	1653.5	0.60	0.80	0.90	0.25	0.40	0.50	−3	25	Ⅲ
	屏南	896.5	0.20	0.30	0.35	0.25	0.45	0.50	−2	32	Ⅲ
	平潭	32.4	0.75	1.30	1.60	—	—	—	4	34	—
	崇武	21.8	0.55	0.85	1.05	—	—	—	5	33	—
	厦门	139.4	0.50	0.80	0.95	—	—	—	5	35	—
	东山	53.3	0.80	1.25	1.45	—	—	—	7	34	—
陕西	西安	397.5	0.25	0.35	0.40	0.20	0.25	0.30	−9	37	Ⅱ
	榆林	1057.5	0.25	0.40	0.45	0.20	0.25	0.30	−22	35	Ⅱ
	吴旗	1272.6	0.25	0.40	0.50	0.15	0.20	0.20	−20	33	Ⅱ
	横山	1111.0	0.30	0.40	0.45	0.15	0.25	0.30	−21	35	Ⅱ
	绥德	929.7	0.30	0.40	0.45	0.20	0.35	0.40	−19	35	Ⅱ
	延安	957.8	0.25	0.35	0.40	0.15	0.25	0.30	−17	34	Ⅱ
	长武	1206.5	0.20	0.30	0.35	0.20	0.30	0.35	−15	32	Ⅱ

续表

省(区)市名	城市名	海拔高度/m	风压/(kN/m²)			雪压/(kN/m²)			基本气温/℃		雪荷载准永久值系数分区
			$R=10$	$R=50$	$R=100$	$R=10$	$R=50$	$R=100$	最低	最高	
陕西	洛川	1158.3	0.25	0.35	0.40	0.25	0.35	0.40	−15	32	Ⅱ
	铜川	978.9	0.20	0.35	0.40	0.15	0.20	0.25	−12	33	Ⅱ
	宝鸡	612.4	0.20	0.35	0.40	0.15	0.20	0.25	−8	37	Ⅱ
	武功	447.8	0.20	0.35	0.40	0.20	0.25	0.30	−9	37	Ⅱ
	华阴县华山	2064.9	0.40	0.50	0.55	0.50	0.70	0.75	−15	25	Ⅱ
	略阳	794.2	0.25	0.35	0.40	0.10	0.15	0.15	−6	34	Ⅲ
	汉中	508.4	0.20	0.30	0.35	0.15	0.20	0.25	−5	34	Ⅲ
	佛坪	1087.7	0.25	0.35	0.45	0.15	0.25	0.30	−8	33	Ⅲ
	商州	742.2	0.25	0.30	0.35	0.20	0.30	0.35	−8	35	Ⅱ
	镇安	693.7	0.20	0.35	0.40	0.20	0.30	0.35	−7	36	Ⅲ
	石泉	484.9	0.20	0.30	0.35	0.20	0.30	0.35	−5	35	Ⅲ
	安康	290.8	0.30	0.45	0.50	0.10	0.15	0.20	−4	37	Ⅲ
甘肃	兰州	1517.2	0.20	0.30	0.35	0.10	0.15	0.20	−15	34	Ⅱ
	吉诃德	966.5	0.45	0.55	0.60	—	—	—	—	—	—
	安西	1170.8	0.40	0.55	0.60	0.10	0.20	0.25	−22	37	Ⅱ
	酒泉	1477.2	0.40	0.55	0.60	0.20	0.30	0.35	−21	33	Ⅱ
	张掖	1482.7	0.30	0.50	0.60	0.05	0.10	0.15	−22	34	Ⅱ
	武威	1530.9	0.35	0.55	0.65	0.15	0.20	0.25	−20	33	Ⅱ
	民勤	1367.0	0.40	0.50	0.55	0.05	0.10	0.10	−21	35	Ⅱ
	乌鞘岭	3045.1	0.35	0.40	0.45	0.35	0.55	0.60	−22	21	Ⅱ
	景泰	1630.5	0.25	0.40	0.45	0.10	0.15	0.20	−18	33	Ⅱ
	靖远	1398.2	0.20	0.30	0.35	0.15	0.20	0.25	−18	33	Ⅱ
	临夏	1917.0	0.20	0.30	0.35	0.15	0.25	0.30	−18	30	Ⅱ
	临洮	1886.6	0.20	0.30	0.35	0.30	0.50	0.55	−19	30	Ⅱ
	华家岭	2450.6	0.30	0.40	0.45	0.25	0.40	0.45	−17	24	Ⅱ
	环县	1255.6	0.20	0.30	0.35	0.15	0.25	0.30	−18	33	Ⅱ
	平凉	1346.6	0.25	0.30	0.35	0.15	0.25	0.30	−14	32	Ⅱ
	西峰镇	1421.0	0.20	0.30	0.35	0.25	0.40	0.45	−14	31	Ⅱ
	玛曲	3471.4	0.25	0.30	0.35	0.15	0.20	0.25	−23	21	Ⅱ
	夏河县合作	2910.0	0.25	0.30	0.35	0.25	0.40	0.45	−23	24	Ⅱ
	武都	1079.1	0.25	0.35	0.40	0.05	0.10	0.15	−5	35	Ⅲ

续表

省(区)市名	城市名	海拔高度/m	风压/(kN/m²)			雪压/(kN/m²)			基本气温/℃		雪荷载准永久值系数分区
			$R=10$	$R=50$	$R=100$	$R=10$	$R=50$	$R=100$	最低	最高	
甘肃	天水	1141.7	0.20	0.35	0.40	0.15	0.20	0.25	−11	34	Ⅱ
	马宗山	1962.7	—	—	—	0.10	0.15	0.20	−25	32	Ⅱ
	敦皇	1139.0	—	—	—	0.10	0.15	0.20	−20	37	Ⅱ
	玉门	1526.0	—	—	—	0.15	0.20	0.25	−21	33	Ⅱ
	金塔县鼎新	1177.4	—	—	—	0.05	0.10	0.15	−21	36	Ⅱ
	高台	1332.2	—	—	—	0.10	0.15	0.20	−21	34	Ⅱ
	山丹	1764.6	—	—	—	0.15	0.20	0.25	−21	32	Ⅱ
	永昌	1976.1	—	—	—	0.10	0.15	0.20	−22	29	Ⅱ
	榆中	1874.1	—	—	—	0.15	0.20	0.25	−19	30	Ⅱ
	会宁	2012.2	—	—	—	0.20	0.30	0.35	—	—	Ⅱ
	岷县	2315.0	—	—	—	0.10	0.15	0.20	−19	27	Ⅱ
宁夏	银川	1111.4	0.40	0.65	0.75	0.15	0.20	0.25	−19	34	Ⅱ
	惠农	1091.0	0.45	0.65	0.70	0.05	0.10	0.10	−20	35	Ⅱ
	陶乐	1101.6	—	—	—	0.05	0.10	0.10	−20	35	Ⅱ
	中卫	1225.7	0.30	0.45	0.50	0.05	0.10	0.15	−18	33	Ⅱ
	中宁	1183.3	0.30	0.35	0.40	0.10	0.15	0.20	−18	34	Ⅱ
	盐池	1347.8	0.30	0.40	0.45	0.20	0.30	0.35	−20	34	Ⅱ
	海源	1854.2	0.25	0.35	0.40	0.25	0.40	0.45	−17	30	Ⅱ
	同心	1343.9	0.20	0.30	0.35	0.10	0.10	0.15	−18	34	Ⅱ
	固原	1753.0	0.25	0.35	0.40	0.30	0.40	0.45	−20	29	Ⅱ
	西吉	1916.5	0.20	0.30	0.35	0.15	0.20	0.20	−20	29	Ⅱ
青海	西宁	2261.2	0.25	0.35	0.40	0.15	0.20	0.25	−19	29	Ⅱ
	茫崖	3138.5	0.30	0.40	0.45	0.05	0.10	0.10	—	—	Ⅱ
	冷湖	2733.0	0.40	0.55	0.60	0.05	0.10	0.10	−26	29	Ⅱ
	祁连县托勒	3367.0	0.30	0.40	0.45	0.20	0.25	0.30	−32	22	Ⅱ
	祁连县野牛沟	3180.0	0.30	0.40	0.45	0.15	0.20	0.20	−31	21	Ⅱ
	祁连县	2787.4	0.30	0.35	0.40	0.10	0.15	0.15	−25	25	Ⅱ
	格尔木市小灶火	2767.0	0.30	0.40	0.45	0.05	0.10	0.10	−25	30	Ⅱ
	大柴旦	3173.2	0.30	0.40	0.45	0.10	0.15	0.15	−27	26	Ⅱ
	德令哈市	2981.5	0.25	0.35	0.40	0.10	0.15	0.20	−22	28	Ⅱ
	刚察	3301.5	0.25	0.35	0.40	0.20	0.25	0.30	−26	21	Ⅱ

续表

省(区)市名	城市名	海拔高度/m	风压/(kN/m²)			雪压/(kN/m²)			基本气温/℃		雪荷载准永久值系数分区
			$R=10$	$R=50$	$R=100$	$R=10$	$R=50$	$R=100$	最低	最高	
青海	门源	2850.0	0.25	0.35	0.40	0.20	0.30	0.30	-27	24	Ⅱ
	格尔木	2807.6	0.30	0.40	0.45	0.10	0.20	0.25	-21	29	Ⅱ
	都兰县诺木洪	2790.4	0.35	0.50	0.60	0.05	0.10	0.10	-22	30	Ⅱ
	都兰	3191.1	0.30	0.45	0.55	0.20	0.25	0.30	-21	26	Ⅱ
	乌兰县茶卡	3087.6	0.25	0.35	0.40	0.15	0.20	0.25	-25	25	Ⅱ
	共和县恰卜恰	2835.0	0.25	0.35	0.40	0.10	0.15	0.20	-22	26	Ⅱ
	贵德	2237.1	0.25	0.30	0.35	0.05	0.10	0.10	-18	30	Ⅱ
	民和	1813.9	0.20	0.30	0.35	0.10	0.10	0.15	-17	31	Ⅱ
	唐古拉山五道梁	4612.2	0.35	0.45	0.50	0.20	0.25	0.30	-29	17	Ⅰ
	兴海	3323.2	0.25	0.35	0.40	0.15	0.20	0.20	-25	23	Ⅱ
	同德	3289.4	0.25	0.35	0.40	0.20	0.30	0.35	-28	23	Ⅱ
	泽库	3662.8	0.25	0.30	0.35	0.20	0.40	0.45	—	—	Ⅱ
	格尔木市托托河	4533.1	0.40	0.50	0.55	0.25	0.35	0.40	-33	19	Ⅰ
	治多	4179.0	0.25	0.30	0.35	0.15	0.20	0.25	—	—	Ⅰ
	杂多	4066.4	0.25	0.35	0.40	0.20	0.25	0.30	-25	22	Ⅱ
	曲麻菜	4231.2	0.25	0.35	0.40	0.15	0.25	0.30	-28	20	Ⅰ
	玉树	3681.2	0.20	0.30	0.35	0.15	0.20	0.25	-20	24.4	Ⅱ
	玛多	4272.3	0.30	0.40	0.45	0.25	0.35	0.40	-33	18	Ⅰ
	称多县清水河	4415.4	0.25	0.30	0.35	0.25	0.30	0.35	-33	17	Ⅰ
	玛沁县仁峡姆	4211.1	0.30	0.35	0.40	0.20	0.30	0.35	-33	18	Ⅰ
	达日县吉迈	3967.5	0.25	0.35	0.40	0.20	0.25	0.30	-27	20	Ⅰ
	河南	3500.0	0.25	0.40	0.45	0.20	0.25	0.30	-29	21	Ⅱ
	久治	3628.5	0.20	0.30	0.35	0.20	0.25	0.30	-24	21	Ⅱ
	昂欠	3643.7	0.25	0.30	0.35	0.10	0.20	0.25	-18	25	Ⅱ
	班玛	3750.0	0.20	0.30	0.35	0.15	0.20	0.25	-20	22	Ⅱ
新疆	乌鲁木齐	917.9	0.40	0.60	0.70	0.65	0.90	1.00	-23	34	Ⅰ
	阿勒泰	735.3	0.40	0.70	0.85	1.20	1.65	1.85	-28	32	Ⅰ
	阿拉山口	284.8	0.95	1.35	1.55	0.20	0.25	0.25	-25	39	Ⅰ
	克拉玛依	427.3	0.65	0.90	1.00	0.20	0.30	0.35	-27	38	Ⅰ
	伊宁	662.5	0.40	0.60	0.70	1.00	1.40	1.55	-23	35	Ⅰ
	昭苏	1851.0	0.25	0.40	0.45	0.65	0.85	0.95	-23	26	Ⅰ

续表

省（区）市名	城市名	海拔高度/m	风压/(kN/m²)			雪压/(kN/m²)			基本气温/℃		雪荷载准永久值系数分区
			R=10	R=50	R=100	R=10	R=50	R=100	最低	最高	
新疆	达坂城	1103.5	0.55	0.80	0.90	0.15	0.20	0.20	-21	32	Ⅰ
	巴音布鲁克	2458.0	0.25	0.35	0.40	0.55	0.75	0.85	-40	22	Ⅰ
	吐鲁番	34.5	0.50	0.85	1.00	0.15	0.20	0.25	-20	44	Ⅱ
	阿克苏	1103.8	0.30	0.45	0.50	0.15	0.25	0.30	-20	36	Ⅱ
	库车	1099.0	0.35	0.50	0.60	0.15	0.20	0.30	-19	36	Ⅱ
	库尔勒	931.5	0.30	0.45	0.50	0.15	0.20	0.30	-18	37	Ⅱ
	乌恰	2175.7	0.25	0.35	0.40	0.35	0.50	0.60	-20	31	Ⅱ
	喀什	1288.7	0.35	0.55	0.65	0.30	0.45	0.50	-17	36	Ⅱ
	阿合奇	1984.9	0.25	0.35	0.40	0.25	0.35	0.40	-21	31	Ⅱ
	皮山	1375.4	0.20	0.30	0.35	0.15	0.20	0.25	-18	37	Ⅱ
	和田	1374.6	0.25	0.40	0.45	0.10	0.20	0.25	-15	37	Ⅱ
	民丰	1409.3	0.20	0.30	0.35	0.10	0.15	0.15	-19	37	Ⅱ
	安的河	1262.8	0.20	0.30	0.35	0.05	0.05	0.05	-23	39	Ⅱ
	于田	1422.0	0.20	0.30	0.35	0.10	0.15	0.15	-17	36	Ⅱ
	哈密	737.2	0.40	0.60	0.70	0.15	0.25	0.30	-23	38	Ⅱ
	哈巴河	532.6	—	—	—	0.70	1.00	1.15	-26	33.6	Ⅰ
	吉木乃	984.1	—	—	—	0.85	1.15	1.35	-24	31	Ⅰ
	福海	500.9	—	—	—	0.30	0.45	0.50	-31	34	Ⅰ
	富蕴	807.5	—	—	—	0.95	1.35	1.50	-33	34	Ⅰ
	塔城	534.9	—	—	—	1.10	1.55	1.75	-23	35	Ⅰ
	和布克塞尔	1291.6	—	—	—	0.25	0.40	0.45	-23	30	Ⅰ
	青河	1218.2	—	—	—	0.90	1.30	1.45	-35	31	Ⅰ
	托里	1077.8	—	—	—	0.55	0.75	0.85	-24	32	Ⅰ
	北塔山	1653.7	—	—	—	0.55	0.65	0.70	-25	28	Ⅰ
	温泉	1354.6	—	—	—	0.35	0.45	0.50	-25	30	Ⅰ
	精河	320.1	—	—	—	0.20	0.30	0.35	-27	38	Ⅰ
	乌苏	478.7	—	—	—	0.40	0.55	0.60	-26	37	Ⅰ
	石河子	442.9	—	—	—	0.50	0.70	0.80	-28	37	Ⅰ
	蔡家湖	440.5	—	—	—	0.40	0.50	0.55	-32	38	Ⅰ
	奇台	793.5	—	—	—	0.55	0.75	0.85	-31	34	Ⅰ
	巴仑台	1752.5	—	—	—	0.20	0.30	0.35	-20	30	Ⅱ

续表

省（区）市名	城市名	海拔高度/m	风压/(kN/m²)			雪压/(kN/m²)			基本气温/℃		雪荷载准永久值系数分区
			R=10	R=50	R=100	R=10	R=50	R=100	最低	最高	
新疆	七角井	873.2	—	—	—	0.05	0.10	0.15	−23	38	Ⅱ
	库米什	922.4	—	—	—	0.10	0.15	0.15	−25	38	Ⅱ
	焉耆	1055.8	—	—	—	0.15	0.20	0.25	−24	35	Ⅱ
	拜城	1229.2	—	—	—	0.20	0.30	0.35	−26	34	Ⅱ
	轮台	976.1	—	—	—	0.15	0.20	0.30	−19	38	Ⅱ
	吐尔格特	3504.4	—	—	—	0.40	0.55	0.65	−27	18	Ⅱ
	巴楚	1116.5	—	—	—	0.10	0.15	0.20	−19	38	Ⅱ
	柯坪	1161.8	—	—	—	0.05	0.10	0.15	−20	37	Ⅱ
	阿拉尔	1012.2	—	—	—	0.05	0.10	0.10	−20	36	Ⅱ
	铁干里克	846.0	—	—	—	0.10	0.15	0.15	−20	39	Ⅱ
	若羌	888.3	—	—	—	0.10	0.15	0.20	−18	40	Ⅱ
	塔吉克	3090.9	—	—	—	0.15	0.25	0.30	−28	28	Ⅱ
	莎车	1231.2	—	—	—	0.15	0.20	0.25	−17	37	Ⅱ
	且末	1247.5	—	—	—	0.10	0.15	0.20	−20	37	Ⅱ
	红柳河	1700.0	—	—	—	0.10	0.15	0.15	−25	35	Ⅱ
河南	郑州	110.4	0.30	0.45	0.50	0.25	0.40	0.45	−8	36	Ⅱ
	安阳	75.5	0.25	0.45	0.55	0.25	0.40	0.45	−8	36	Ⅱ
	新乡	72.7	0.30	0.40	0.45	0.20	0.30	0.35	−8	36	Ⅱ
	三门峡	410.1	0.25	0.40	0.45	0.15	0.20	0.25	−8	36	Ⅱ
	卢氏	568.8	0.20	0.30	0.35	0.20	0.30	0.35	−10	35	Ⅱ
	孟津	323.3	0.30	0.45	0.50	0.30	0.40	0.50	−8	35	Ⅱ
	洛阳市	137.1	0.25	0.40	0.45	0.25	0.35	0.40	−6	36	Ⅱ
	栾川	750.1	0.20	0.30	0.35	0.25	0.40	0.45	−9	34	Ⅱ
	许昌	66.8	0.30	0.40	0.45	0.25	0.40	0.45	−8	36	Ⅱ
	开封	72.5	0.30	0.45	0.50	0.20	0.30	0.35	−8	36	Ⅱ
	西峡	250.3	0.25	0.35	0.40	0.20	0.30	0.35	−6	36	Ⅱ
	南阳	129.2	0.25	0.35	0.40	0.30	0.45	0.50	−7	36	Ⅱ
	宝丰	136.4	0.25	0.35	0.40	0.20	0.30	0.35	−8	36	Ⅱ
	西华	52.6	0.25	0.45	0.55	0.30	0.45	0.50	−8	37	Ⅱ
	驻马店	82.7	0.25	0.40	0.45	0.30	0.45	0.50	−8	36	Ⅱ
	信阳	114.5	0.25	0.35	0.40	0.35	0.55	0.65	−6	36	Ⅱ

续表

省（区）市名	城市名	海拔高度/m	风压/（kN/m²）			雪压/（kN/m²）			基本气温/℃		雪荷载准永久值系数分区
			R=10	R=50	R=100	R=10	R=50	R=100	最低	最高	
河南	商丘	50.1	0.20	0.35	0.45	0.30	0.45	0.50	−8	36	Ⅱ
	固始	57.1	0.20	0.35	0.40	0.35	0.55	0.65	−6	36	Ⅱ
湖北	武汉	23.3	0.25	0.35	0.40	0.30	0.50	0.60	−5	37	Ⅱ
	郧县	201.9	0.20	0.30	0.35	0.25	0.40	0.45	−3	37	Ⅱ
	房县	434.4	0.20	0.30	0.35	0.20	0.30	0.35	−7	35	Ⅲ
	老河口	90.0	0.20	0.30	0.35	0.25	0.35	0.40	−6	36	Ⅱ
	枣阳	125.5	0.25	0.40	0.45	0.25	0.40	0.45	−6	36	Ⅱ
	巴东	294.5	0.15	0.30	0.35	0.15	0.20	0.25	−2	38	Ⅲ
	钟祥	65.8	0.20	0.30	0.35	0.25	0.35	0.40	−4	36	Ⅱ
	麻城	59.3	0.20	0.35	0.45	0.35	0.55	0.65	−4	37	Ⅱ
	恩施	457.1	0.20	0.30	0.35	0.15	0.20	0.25	−2	36	Ⅲ
	巴东县绿葱坡	1819.3	0.30	0.35	0.40	0.65	0.95	1.10	−10	26	Ⅲ
	五峰	908.4	0.20	0.30	0.35	0.25	0.35	0.40	−5	34	Ⅲ
	宜昌	133.1	0.20	0.30	0.35	0.20	0.30	0.35	−3	37	Ⅲ
	荆州	32.6	0.20	0.30	0.35	0.25	0.40	0.45	−4	36	Ⅱ
	天门	34.1	0.20	0.30	0.35	0.25	0.35	0.45	−5	36	Ⅱ
	来凤	459.5	0.20	0.30	0.35	0.15	0.20	0.25	−3	35	Ⅲ
	嘉鱼	36.0	0.20	0.35	0.45	0.25	0.35	0.40	−3	37	Ⅲ
	英山	123.8	0.20	0.30	0.35	0.25	0.40	0.45	−5	37	Ⅲ
	黄石	19.6	0.25	0.35	0.40	0.25	0.35	0.40	−3	38	Ⅲ
湖南	长沙	44.9	0.25	0.35	0.40	0.30	0.45	0.50	−3	38	Ⅲ
	桑植	322.2	0.20	0.30	0.35	0.25	0.35	0.40	−3	36	Ⅲ
	石门	116.9	0.25	0.30	0.35	0.25	0.35	0.40	−3	36	Ⅲ
	南县	36.0	0.25	0.40	0.50	0.30	0.45	0.50	−3	36	Ⅲ
	岳阳	53.0	0.25	0.40	0.45	0.35	0.55	0.65	−2	36	Ⅲ
	吉首	206.6	0.20	0.30	0.35	0.20	0.30	0.35	−2	36	Ⅲ
	沅陵	151.6	0.20	0.30	0.35	0.20	0.35	0.40	−3	37	Ⅲ
	常德	35.0	0.25	0.40	0.50	0.30	0.50	0.60	−3	36	Ⅱ
	安化	128.3	0.20	0.30	0.35	0.30	0.45	0.50	−3	38	Ⅱ
	沅江	36.0	0.25	0.40	0.45	0.35	0.55	0.65	−3	37	Ⅲ
	平江	106.3	0.20	0.30	0.35	0.25	0.40	0.45	−4	37	Ⅲ

续表

省(区)市名	城市名	海拔高度/m	风压/(kN/m²)			雪压/(kN/m²)			基本气温/℃		雪荷载准永久值系数分区
			R=10	R=50	R=100	R=10	R=50	R=100	最低	最高	
湖南	芷江	272.2	0.20	0.30	0.35	0.25	0.35	0.45	−3	36	Ⅲ
	雪峰山	1404.9	—	—	—	0.50	0.75	0.85	−8	27	Ⅱ
	邵阳	248.6	0.20	0.30	0.35	0.20	0.30	0.35	−3	37	Ⅲ
	双峰	100.0	0.20	0.30	0.35	0.25	0.40	0.45	−4	38	Ⅲ
	南岳	1265.9	0.60	0.75	0.85	0.50	0.75	0.85	−8	28	Ⅲ
	通道	397.5	0.25	0.30	0.35	0.15	0.25	0.30	−3	35	Ⅲ
	武岗	341.0	0.20	0.30	0.35	0.20	0.30	0.35	−3	36	Ⅲ
	零陵	172.6	0.25	0.40	0.45	0.15	0.25	0.30	−2	37	Ⅲ
	衡阳	103.2	0.25	0.40	0.45	0.20	0.35	0.40	−2	38	Ⅲ
	道县	192.2	0.25	0.35	0.40	0.15	0.20	0.25	−1	37	Ⅲ
	郴州	184.9	0.20	0.30	0.35	0.20	0.30	0.35	−2	38	Ⅲ
广东	广州	6.6	0.30	0.50	0.60	—	—	—	6	36	—
	南雄	133.8	0.20	0.30	0.35	—	—	—	1	37	—
	连县	97.6	0.20	0.30	0.35	—	—	—	2	37	—
	韶关	69.3	0.20	0.35	0.45	—	—	—	2	37	—
	佛岗	67.8	0.20	0.30	0.35	—	—	—	4	36	—
	连平	214.5	0.20	0.30	0.35	—	—	—	2	36	—
	梅县	87.8	0.20	0.30	0.35	—	—	—	4	37	—
	广宁	56.8	0.20	0.30	0.35	—	—	—	4	36	—
	高要	7.1	0.30	0.50	0.60	—	—	—	6	36	—
	河源	40.6	0.20	0.30	0.35	—	—	—	5	36	—
	惠阳	22.4	0.35	0.55	0.60	—	—	—	6	36	—
	五华	120.9	0.20	0.30	0.35	—	—	—	4	36	—
	汕头	1.1	0.50	0.80	0.95	—	—	—	6	35	—
	惠来	12.9	0.45	0.75	0.90	—	—	—	7	35	—
	南澳	7.2	0.50	0.80	0.95	—	—	—	9	32	—
	信宜	84.6	0.35	0.60	0.70	—	—	—	7	36	—
	罗定	53.3	0.20	0.30	0.35	—	—	—	6	37	—
	台山	32.7	0.35	0.55	0.65	—	—	—	6	35	—
	深圳	18.2	0.45	0.75	0.90	—	—	—	8	35	—
	汕尾	4.6	0.50	0.85	1.00	—	—	—	7	34	—

续表

省（区）市名	城市名	海拔高度/m	风压/(kN/m²)			雪压/(kN/m²)			基本气温/℃		雪荷载准永久值系数分区
			$R=10$	$R=50$	$R=100$	$R=10$	$R=50$	$R=100$	最低	最高	
广东	湛江	25.3	0.50	0.80	0.95	—	—	—	9	36	—
	阳江	23.3	0.45	0.75	0.90	—	—	—	7	35	—
	电白	11.8	0.45	0.70	0.80	—	—	—	8	35	—
	台山县上川岛	21.5	0.75	1.05	1.20	—	—	—	8	35	—
	徐闻	67.9	0.45	0.75	0.90	—	—	—	10	36	—
广西	南宁	73.1	0.25	0.35	0.40	—	—	—	6	36	—
	桂林	164.4	0.20	0.30	0.35	—	—	—	1	36	—
	柳州	96.8	0.20	0.30	0.35	—	—	—	3	36	—
	蒙山	145.7	0.20	0.30	0.35	—	—	—	2	36	—
	贺山	108.8	0.20	0.30	0.35	—	—	—	2	36	—
	百色	173.5	0.25	0.45	0.55	—	—	—	5	37	—
	靖西	739.4	0.20	0.30	0.35	—	—	—	4	32	—
	桂平	42.5	0.20	0.30	0.35	—	—	—	5	36	—
	梧州	114.8	0.20	0.30	0.35	—	—	—	4	36	—
	龙舟	128.8	0.20	0.30	0.35	—	—	—	7	36	—
	灵山	66.0	0.20	0.30	0.35	—	—	—	5	35	—
	玉林	81.8	0.20	0.30	0.35	—	—	—	5	36	—
	东兴	18.2	0.45	0.75	0.90	—	—	—	8	34	—
	北海	15.3	0.45	0.75	0.90	—	—	—	7	35	—
	涠州岛	55.2	0.70	1.10	1.30	—	—	—	9	34	—
海南	海口	14.1	0.45	0.75	0.90	—	—	—	10	37	—
	东方	8.4	0.55	0.85	1.00	—	—	—	10	37	—
	儋县	168.7	0.40	0.70	0.85	—	—	—	9	37	—
	琼中	250.9	0.30	0.45	0.55	—	—	—	8	36	—
	琼海	24.0	0.50	0.85	1.05	—	—	—	10	37	—
	三亚	5.5	0.50	0.85	1.05	—	—	—	14	36	—
	陵水	13.9	0.50	0.85	1.05	—	—	—	12	36	—
	西沙岛	4.7	1.05	1.80	2.20	—	—	—	18	35	—
	珊瑚岛	4.0	0.70	1.10	1.30	—	—	—	16	36	—
四川	成都	506.1	0.20	0.30	0.35	0.10	0.10	0.15	−1	34	Ⅲ
	石渠	4200.0	0.25	0.30	0.35	0.35	0.50	0.60	−28	19	Ⅱ

续表

省(区)市名	城市名	海拔高度/m	风压/(kN/m²)			雪压/(kN/m²)			基本气温/℃		雪荷载准永久值系数分区
			R=10	R=50	R=100	R=10	R=50	R=100	最低	最高	
	若尔盖	3439.6	0.25	0.30	0.35	0.30	0.40	0.45	−24	21	Ⅱ
	甘孜	3393.5	0.35	0.45	0.50	0.30	0.50	0.55	−17	25	Ⅱ
	都江堰	706.7	0.20	0.30	0.35	0.15	0.25	0.30	—	—	Ⅲ
	绵阳	470.8	0.20	0.30	0.35	—	—	—	−3	35	—
	雅安	627.6	0.20	0.30	0.35	0.10	0.20	0.20	0	34	Ⅲ
	资阳	357.0	0.20	0.30	0.35	—	—	—	1	33	—
	康定	2615.7	0.30	0.35	0.40	0.30	0.50	0.55	−10	23	Ⅱ
	汉源	795.9	0.20	0.30	0.35	—	—	—	2	34	—
	九龙	2987.3	0.20	0.30	0.35	0.15	0.20	0.20	−10	25	Ⅲ
	越西	1659.0	0.25	0.30	0.35	0.15	0.25	0.30	−4	31	Ⅲ
	昭觉	2132.4	0.25	0.30	0.35	0.25	0.35	0.40	−6	28	Ⅲ
	雷波	1474.9	0.20	0.30	0.40	0.20	0.30	0.35	−4	29	Ⅲ
	宜宾	340.8	0.20	0.30	0.35	—	—	—	2	35	—
	盐源	2545.0	0.20	0.30	0.35	0.20	0.30	0.35	−6	27	Ⅲ
	西昌	1590.9	0.20	0.30	0.35	0.20	0.30	0.35	−1	32	Ⅲ
四川	会理	1787.1	0.20	0.30	0.35	—	—	—	−4	30	—
	万源	674.0	0.20	0.30	0.35	0.05	0.10	0.15	−3	35	Ⅲ
	阆中	382.6	0.20	0.30	0.35	—	—	—	−1	36	—
	巴中	358.9	0.20	0.30	0.35	—	—	—	−1	36	—
	达县	310.4	0.20	0.35	0.45	—	—	—	0	37	—
	遂宁	278.2	0.20	0.30	0.35	—	—	—	0	36	—
	南充	309.3	0.20	0.30	0.35	—	—	—	0	36	—
	内江	347.1	0.25	0.40	0.50	—	—	—	0	36	—
	泸州	334.8	0.20	0.30	0.35	—	—	—	1	36	—
	叙永	377.5	0.20	0.30	0.35	—		—	1	36	—
	德格	3201.2	—	—	—	0.15	0.20	0.25	−15	26	Ⅲ
	巴达	3893.9	—	—	—	0.30	0.40	0.45	−24	21	Ⅲ
	道孚	2957.2	—	—	—	0.15	0.20	0.25	−16	28	Ⅲ
	阿坝	3275.1	—	—	—	0.25	0.40	0.45	−19	22	Ⅲ
	马尔康	2664.4	—	—	—	0.15	0.25	0.30	−12	29	Ⅲ
	红原	3491.6	—	—	—	0.25	0.40	0.45	−26	22	Ⅱ

续表

省(区)市名	城市名	海拔高度/m	风压/(kN/m²)			雪压/(kN/m²)			基本气温/℃		雪荷载准永久值系数分区
			$R=10$	$R=50$	$R=100$	$R=10$	$R=50$	$R=100$	最低	最高	
四川	小金	2369.2	—	—	—	0.10	0.15	0.15	−8	31	Ⅱ
	松潘	2850.7	—	—	—	0.20	0.30	0.35	−16	26	Ⅱ
	新龙	3000.0	—	—	—	0.10	0.15	0.15	−16	27	Ⅱ
	理唐	3948.9	—	—	—	0.35	0.50	0.60	−19	21	Ⅱ
	稻城	3727.7	—	—	—	0.20	0.30	0.30	−19	23	Ⅲ
	峨眉山	3047.4	—	—	—	0.40	0.55	0.60	−15	19	Ⅱ
贵州	贵阳	1074.3	0.20	0.30	0.35	0.10	0.20	0.25	−3	32	Ⅲ
	威宁	2237.5	0.25	0.35	0.40	0.25	0.35	0.40	−6	26	Ⅲ
	盘县	1515.2	0.25	0.35	0.40	0.25	0.35	0.45	−3	30	Ⅲ
	桐梓	972.0	0.20	0.30	0.35	0.10	0.15	0.20	−4	33	Ⅲ
	习水	1180.2	0.20	0.30	0.35	0.15	0.20	0.25	−5	31	Ⅲ
	毕节	1510.6	0.20	0.30	0.35	0.15	0.25	0.30	−4	30	Ⅲ
	遵义	843.9	0.20	0.30	0.35	0.10	0.15	0.20	−2	34	Ⅲ
	湄潭	791.8	—	—	—	0.15	0.20	0.25	−3	34	Ⅲ
	思南	416.3	0.20	0.30	0.35	0.10	0.20	0.25	−1	36	Ⅲ
	铜仁	279.7	0.20	0.30	0.35	0.20	0.30	0.35	−2	37	Ⅲ
	黔西	1251.8	—	—	—	0.15	0.20	0.25	−4	32	Ⅲ
	安顺	1392.9	0.20	0.30	0.35	0.20	0.30	0.35	−3	30	Ⅲ
	凯里	720.3	0.20	0.30	0.35	0.15	0.20	0.25	−3	34	Ⅲ
	三穗	610.5	—	—	—	0.20	0.30	0.35	−4	34	Ⅲ
	兴仁	1378.5	0.20	0.30	0.35	0.20	0.35	0.40	−2	30	Ⅲ
	罗甸	440.3	0.20	0.30	0.35	—	—	—	1	37	—
	独山	1013.3	—	—	—	0.20	0.30	0.35	−3	32	Ⅲ
	榕江	285.7	—	—	—	0.10	0.15	0.20	−1	37	Ⅲ
云南	昆明	1891.4	0.20	0.30	0.35	0.20	0.30	0.35	−1	28	Ⅲ
	德钦	3485.0	0.25	0.35	0.40	0.60	0.90	1.05	−12	22	Ⅱ
	贡山	1591.3	0.20	0.30	0.35	0.45	0.75	0.90	−3	30	Ⅱ
	中甸	3276.1	0.20	0.30	0.35	0.50	0.80	0.90	−15	22	Ⅱ
	维西	2325.6	0.20	0.30	0.35	0.45	0.65	0.75	−6	28	Ⅲ
	昭通	1949.5	0.25	0.35	0.40	0.15	0.25	0.30	−6	28	Ⅲ
	丽江	2393.2	0.25	0.30	0.35	0.20	0.30	0.35	−5	27	Ⅲ

续表

省（区）市名	城市名	海拔高度/m	风压/(kN/m²)			雪压/(kN/m²)			基本气温/℃		雪荷载准永久值系数分区
			$R=10$	$R=50$	$R=100$	$R=10$	$R=50$	$R=100$	最低	最高	
云南	华坪	1244.8	0.30	0.45	0.55	—	—	—	−1	35	—
	会泽	2109.5	0.25	0.35	0.40	0.25	0.35	0.40	−4	26	Ⅲ
	腾冲	1654.6	0.20	0.30	0.35	—	—	—	−3	27	—
	泸水	1804.9	0.20	0.30	0.35	—	—	—	1	26	—
	保山	1653.5	0.20	0.30	0.35	—	—	—	−2	29	—
	大理	1990.5	0.45	0.65	0.75	—	—	—	−2	28	—
	元谋	1120.2	0.25	0.35	0.40	—	—	—	2	35	—
	楚雄	1772.0	0.20	0.35	0.40	—	—	—	−2	29	—
	曲靖市沾益	1898.7	0.25	0.30	0.35	0.25	0.40	0.45	−1	28	Ⅲ
	瑞丽	776.6	0.20	0.30	0.35	—	—	—	3	32	—
	景东	1162.3	0.20	0.30	0.35	—	—	—	1	32	—
	玉溪	1636.7	0.20	0.30	0.35	—	—	—	−1	30	—
	宜良	1532.1	0.25	0.45	0.55	—	—	—	1	28	—
	泸西	1704.3	0.25	0.30	0.35	—	—	—	−2	29	—
	孟定	511.4	0.25	0.40	0.45	—	—	—	−5	32	—
	临沧	1502，4	0.20	0.30	0.35	—	—	—	0	29	—
	澜沧	1054.8	0.20	0.30	0.35	—	—	—	1	32	—
	景洪	552.7	0.20	0.40	0.50	—	—	—	7	35	—
	思茅	1302.1	0.25	0.45	0.50	—	—	—	3	30	—
	元江	400.9	0.25	0.30	0.35	—	—	—	7	37	—
	勐腊	631.9	0.20	0.30	0.35	—	—	—	7	34	—
	江城	1119.5	0.20	0.40	0.50	—	—	—	4	30	—
	蒙自	1300.7	0.25	0.35	0.45	—	—	—	3	31	—
	屏边	1414.1	0.20	0.40	0.35	—	—	—	2	28	—
	文山	1271.6	0.20	0.30	0.35	—	—	—	3	31	—
	广南	1249.6	0.25	0.35	0.40	—	—	—	−0	31	—
西藏	拉萨	3658.0	0.20	0.30	0.35	0.10	0.15	0.20	−13	27	Ⅲ
	班戈	4700.0	0.35	0.55	0.65	0.20	0.25	0.30	−22	18	Ⅰ
	安多	4800.0	0.45	0.75	0.90	0.25	0.40	0.45	−28	17	Ⅰ
	那曲	4507.0	0.30	0.45	0.50	0.30	0.40	0.45	−25	19	Ⅰ
	日喀则	3836.0	0.20	0.30	0.35	0.10	0.15	0.15	−17	25	Ⅲ

续表

省（区）市名	城市名	海拔高度/m	风压/(kN/m²)			雪压/(kN/m²)			基本气温/℃		雪荷载准永久值系数分区
			$R=10$	$R=50$	$R=100$	$R=10$	$R=50$	$R=100$	最低	最高	
西藏	乃东县泽当	3551.7	0.20	0.30	0.35	0.10	0.15	0.15	−12	26	Ⅲ
	隆子	3860.0	0.30	0.45	0.50	0.10	0.15	0.20	−18	24	Ⅲ
	索县	4022.8	0.30	0.40	0.50	0.20	0.25	0.30	−23	22	Ⅰ
	昌都	3306.0	0.20	0.30	0.35	0.15	0.20	0.20	−15	27	Ⅱ
	林芝	3000.0	0.25	0.35	0.45	0.10	0.15	0.15	−9	25	Ⅲ
	葛尔	4278.0	—	—	—	0.10	0.15	0.15	−27	25	Ⅰ
	改则	4414.9	—	—	—	0.20	0.30	0.35	−29	23	Ⅰ
	普兰	3900.0	—	—	—	0.50	0.70	0.80	−21	25	Ⅰ
	申扎	4672.0	—	—	—	0.15	0.20	0.20	−22	19	Ⅰ
	当雄	4200.0	—	—	—	0.30	0.45	0.50	−23	21	Ⅱ
	尼木	3809.4	—	—	—	0.15	0.20	0.25	−17	26	Ⅲ
	聂拉木	3810.0	—	—	—	2.00	3.30	3.75	−13	18	Ⅰ
	定日	4300.0	—	—	—	0.15	0.25	0.30	−22	23	Ⅱ
	江孜	4040.0	—	—	—	0.10	0.10	0.15	−19	24	Ⅲ
	错那	4280.0	—	—	—	0.60	0.90	1.00	−24	16	Ⅲ
	帕里	4300.0	—	—	—	0.95	1.50	1.75	−23	16	Ⅱ
	丁青	3873.1	—	—	—	0.25	0.35	0.40	−17	22	Ⅱ
	波密	2736.0	—	—	—	0.25	0.35	0.40	−9	27	Ⅲ
	察隅	2327.6	—	—	—	0.35	0.55	0.65	−4	29	Ⅲ
台湾	台北	8.0	0.40	0.70	0.85	—	—	—	—	—	—
	新竹	8.0	0.50	0.80	0.95	—	—	—	—	—	—
	宜兰	9.0	1.10	1.85	2.30	—	—	—	—	—	—
	台中	78.0	0.50	0.80	0.90	—	—	—	—	—	—
	花莲	14.0	0.40	0.70	0.85	—	—	—	—	—	—
	嘉义	20.0	0.50	0.80	0.95	—	—	—	—	—	—
	马公	22.0	0.85	1.30	1.55	—	—	—	—	—	—
	台东	10.0	0.65	0.90	1.05	—	—	—	—	—	—
	冈山	10.0	0.55	0.80	0.95	—	—	—	—	—	—
	恒春	24.0	0.70	1.05	1.20	—	—	—	—	—	—
	阿里山	2406.0	0.25	0.35	0.40	—	—	—	—	—	—
	台南	14.0	0.60	0.85	1.00	—	—	—	—	—	—

续表

省（区）市名	城市名	海拔高度/m	风压/(kN/m²)			雪压/(kN/m²)			基本气温/℃		雪荷载准永久值系数分区
			R=10	R=50	R=100	R=10	R=50	R=100	最低	最高	
香港	香港	50.0	0.80	0.90	0.95	—	—	—	—	—	—
	横澜岛	55.0	0.95	1.25	1.40	—	—	—	—	—	—
澳门	澳门	57.0	0.75	0.85	0.90	—	—	—	—	—	—

注：表中“—”表示该城市没有统计数据。

2.2.7 屋面积雪分布系数

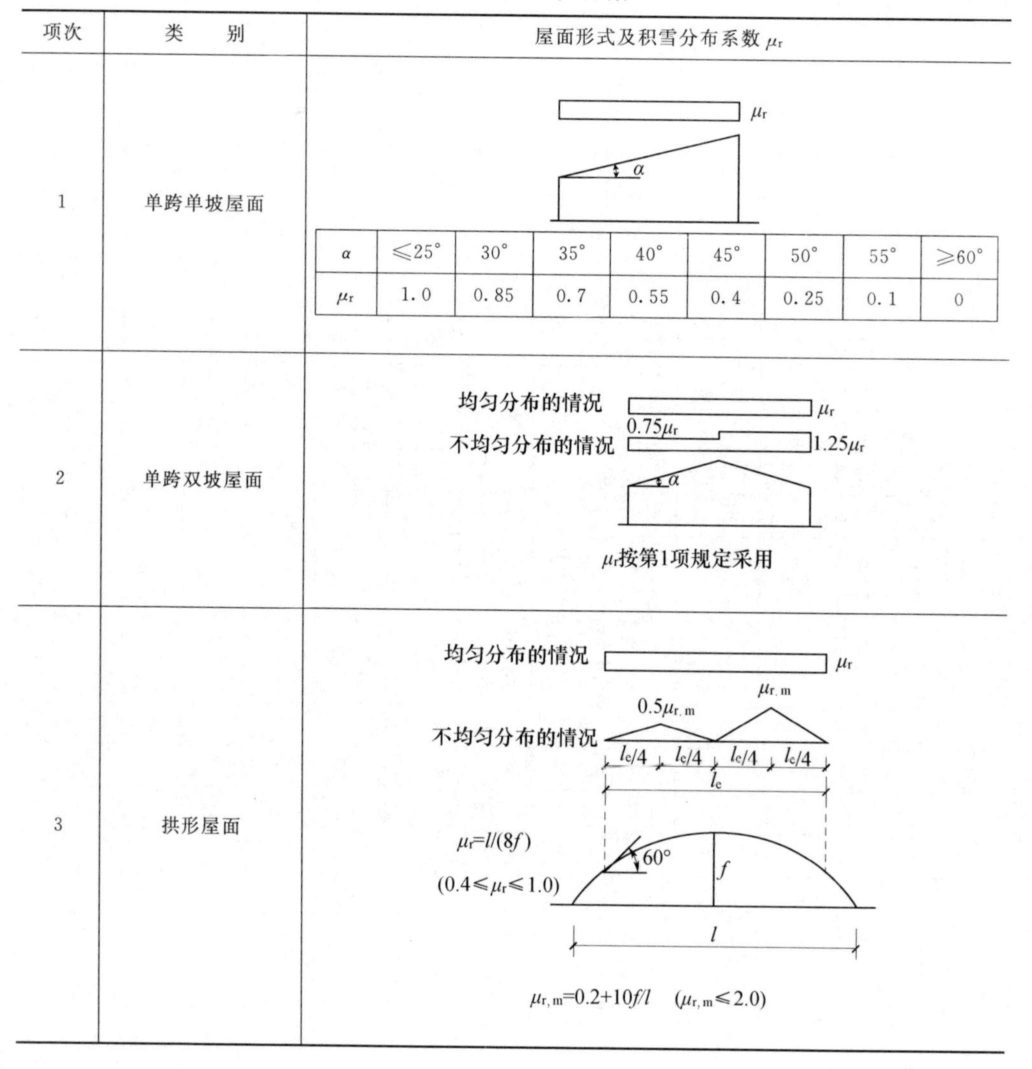

表 2-7 屋面积雪分布系数

项次	类别	屋面形式及积雪分布系数 μ_r
1	单跨单坡屋面	μ_r；α（见下表）
2	单跨双坡屋面	均匀分布的情况 μ_r；不均匀分布的情况 $0.75\mu_r$、$1.25\mu_r$；α；μ_r按第1项规定采用
3	拱形屋面	均匀分布的情况 μ_r；不均匀分布的情况 $0.5\mu_{r,m}$、$\mu_{r,m}$，$l_e/4$、$l_e/4$、$l_e/4$、$l_e/4$，l_e；$\mu_r=l/(8f)$ $(0.4\leqslant\mu_r\leqslant1.0)$；60°；$f$；$l$；$\mu_{r,m}=0.2+10f/l$ $(\mu_{r,m}\leqslant2.0)$

α	≤25°	30°	35°	40°	45°	50°	55°	≥60°
μ_r	1.0	0.85	0.7	0.55	0.4	0.25	0.1	0

续表

项次	类　　别	屋面形式及积雪分布系数 μ_r
4	带天窗的坡屋面	均匀分布的情况 1.0 不均匀分布的情况 1.1 0.8 1.1 α
5	带天窗有挡风板的坡屋面	均匀分布的情况 1.0 不均匀分布的情况 1.0 1.4 0.8 1.4 1.0 α
6	多跨单坡屋面（锯齿形屋面）	均匀分布的情况 1.0 不均匀分布的情况1 0.6 1.4 0.6 1.4 0.6 1.4 $l/2$ $l/2$ 不均匀分布的情况2 2.0 2.0 2.0 μ_r μ_r μ_r $l/2$ $l/2$ α l l
7	双跨双坡或拱形屋面	均匀分布的情况 1.0 不均匀分布的情况1 μ_r 1.4 μ_r 不均匀分布的情况2 μ_r 2.0 μ_r α f l l μ_r按第1或3项规定采用

续表

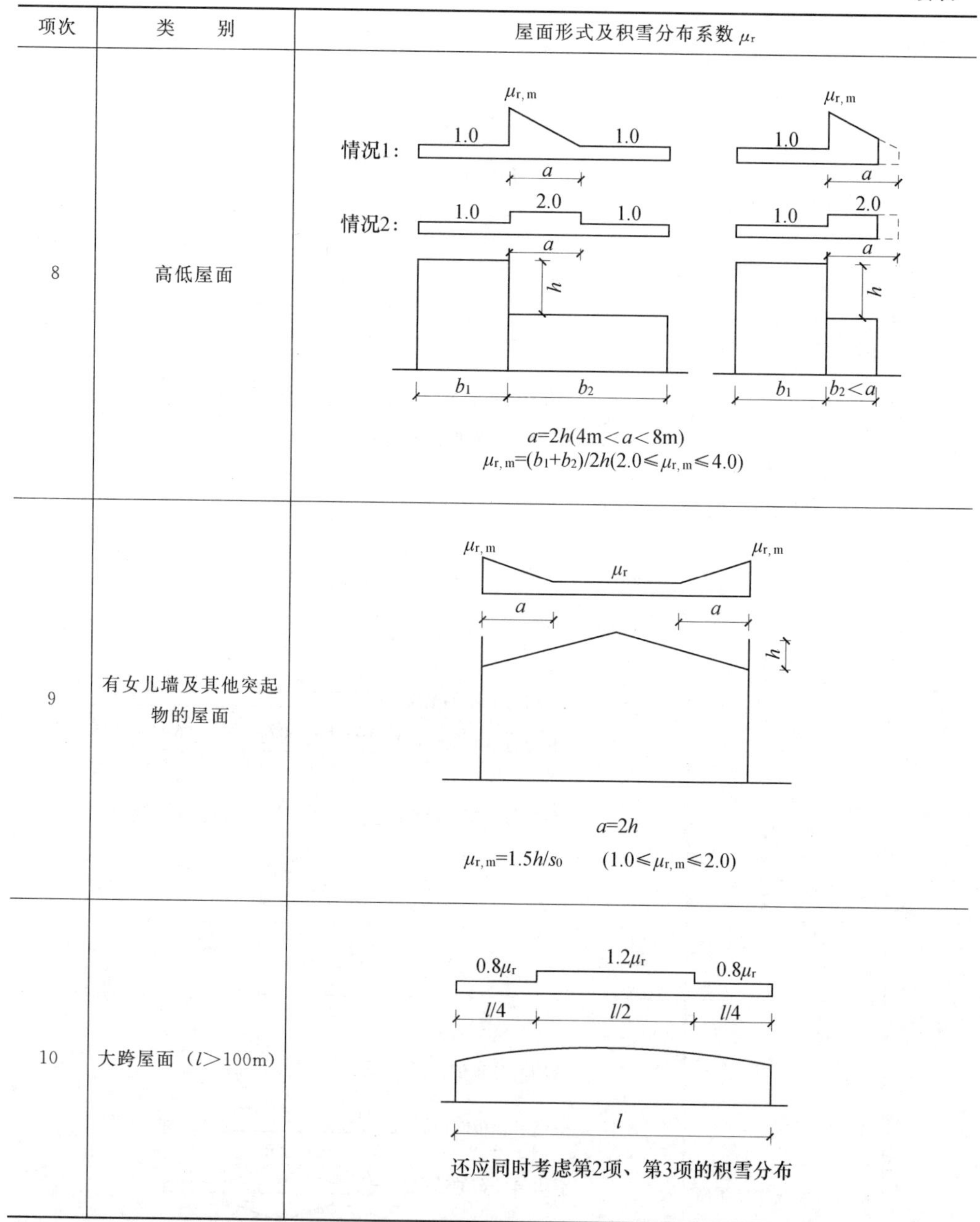

项次	类　　别	屋面形式及积雪分布系数 μ_r
8	高低屋面	情况1：… 情况2：… $a=2h(4m<a<8m)$ $\mu_{r,m}=(b_1+b_2)/2h(2.0\leqslant\mu_{r,m}\leqslant4.0)$
9	有女儿墙及其他突起物的屋面	$a=2h$ $\mu_{r,m}=1.5h/s_0\quad(1.0\leqslant\mu_{r,m}\leqslant2.0)$
10	大跨屋面（l>100m）	还应同时考虑第2项、第3项的积雪分布

注： 1. 第 2 项单跨双坡屋面仅当坡度 α 在 20°～30°范围时，可采用不均匀分布情况。

2. 第 4、5 项只适用于坡度 α 不大于 25°的一般工业厂房屋面。

3. 第 7 项双跨双坡或拱形屋面，当 α 不大于 25°或 f/l 不大于 0.1 时，只采用均匀分布情况。

4. 多跨屋面的积雪分布系数，可参照第 7 项的规定采用。

2.2.8 风压高度变化系数

表 2-8 风压高度变化系数 μ_z

离地面或海平面高度/m	地面粗糙度类别			
	A	B	C	D
5	1.09	1.00	0.65	0.51
10	1.28	1.00	0.65	0.51
15	1.42	1.13	0.65	0.51
20	1.52	1.23	0.74	0.51
30	1.67	1.39	0.88	0.51
40	1.78	1.52	1.00	0.60
50	1.89	1.62	1.10	0.69
60	1.97	1.71	1.20	0.77
70	2.05	1.79	1.28	0.84
80	2.12	1.87	1.36	0.91
90	2.18	1.93	1.43	0.98
100	2.23	2.00	1.50	1.04
150	2.46	2.25	1.79	1.33
200	2.64	2.46	2.03	1.58
250	2.78	2.63	2.24	1.81
300	2.91	2.77	2.43	2.02
350	2.91	2.91	2.60	2.22
400	2.91	2.91	2.76	2.40
450	2.91	2.91	2.91	2.58
500	2.91	2.91	2.91	2.74
≥550	2.91	2.91	2.91	2.91

注：A 类指近海海面和海岛、海岸、湖岸及沙漠地区；B 类指田野、乡村、丛林、丘陵以及房屋比较稀疏的乡镇；C 类指有密集建筑群的城市市区；D 类指有密集建筑群且房屋较高的城市市区。

2.2.9 风荷载体型系数

表 2-9 风荷载体型系数

项次	类别	体型及体型系数			
1	矩形平面	μ_{s1}	μ_{s2}	μ_{s3}	μ_{s4}
		0.80	$-\left(0.48+0.03\frac{H}{L}\right)$	−0.60	−0.60
		注：H 为房屋高度。			

续表

项次	类别	体型及体型系数
2	L形平面	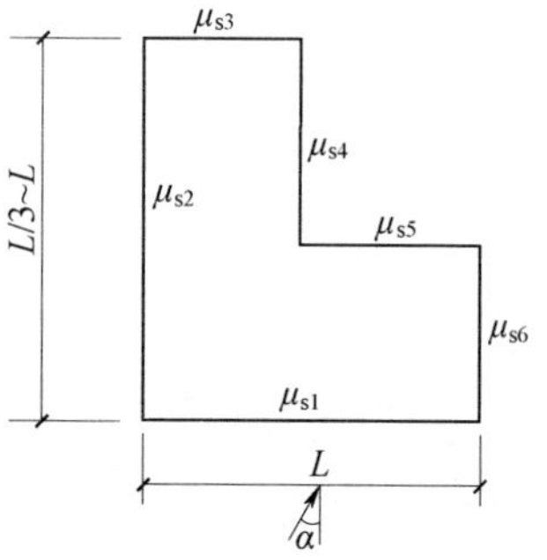 μ_{s3}, μ_{s4}, μ_{s2}, μ_{s5}, μ_{s6}, μ_{s1}, $L/3\sim L$, L, α
3	槽形平面	-0.6, -0.6, 0.5, -0.5, -0.5, -0.7, -0.7, 0.8; -0.5, -0.7, -0.7, 0.9, 0.8, 0.8
4	正多边形平面、圆形平面	1） $\mu_s=0.8+\frac{1.2}{\sqrt{n}}$（$n$ 为边数） 2）当圆形高层建筑表面较粗糙时，$\mu_s=0.8$

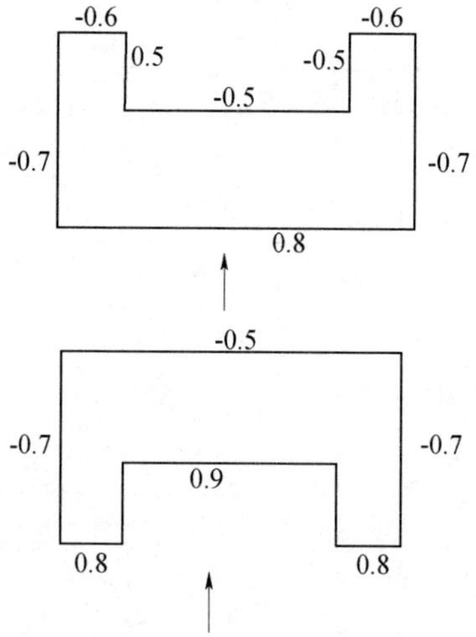

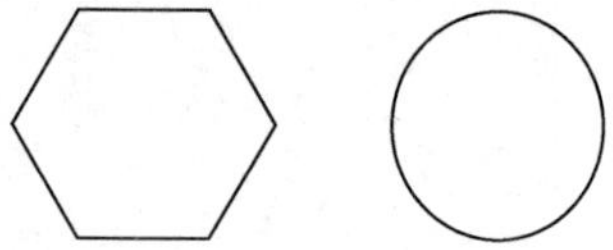

μ_s / α	μ_{s1}	μ_{s2}	μ_{s3}	μ_{s4}	μ_{s5}	μ_{s6}
0°	0.80	−0.70	−0.60	−0.50	−0.50	−0.60
45°	0.50	0.50	−0.80	−0.70	−0.70	−0.80
225°	−0.60	−0.60	0.30	0.90	0.90	0.30

续表

项次	类别	体型及体型系数
5	扇形平面	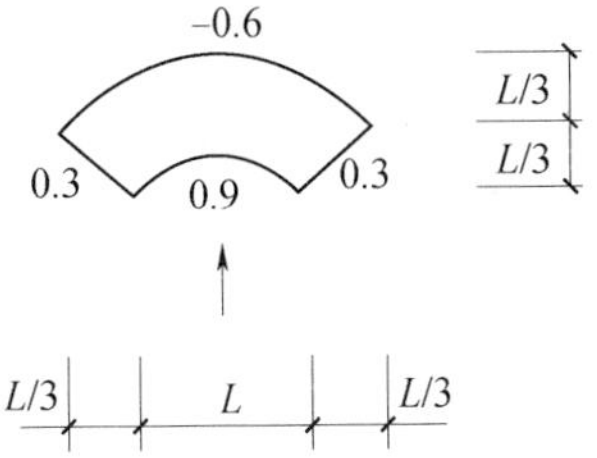 −0.6; 0.3; 0.9; 0.3; L/3; L/3; L/3; L; L/3
6	梭形平面	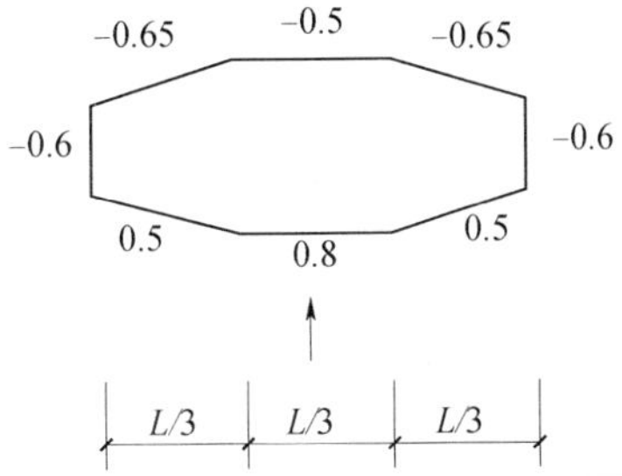 −0.65; −0.5; −0.65; −0.6; −0.6; 0.5; 0.8; 0.5; L/3; L/3; L/3
7	十字形平面	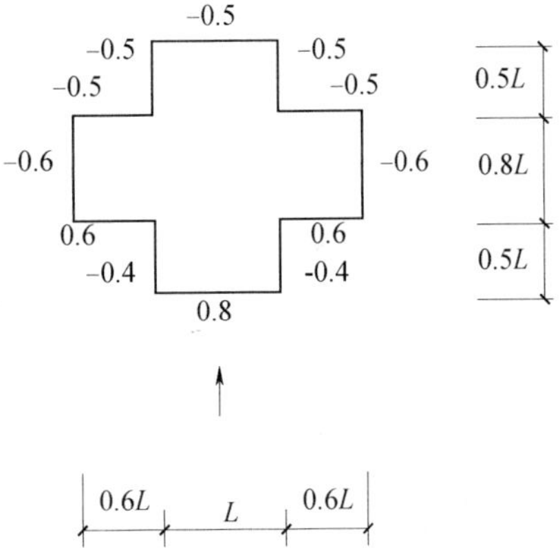 −0.5; −0.5; −0.5; −0.5; −0.5; −0.6; −0.6; 0.6; 0.6; −0.4; -0.4; 0.8; 0.5L; 0.8L; 0.5L; 0.6L; L; 0.6L
8	井字形平面	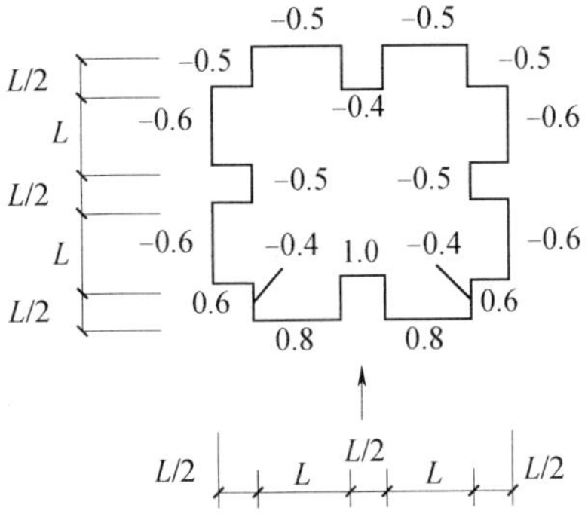 −0.5; −0.5; −0.5; −0.5; −0.4; −0.6; −0.6; −0.5; −0.5; −0.6; −0.6; −0.4; 1.0; −0.4; 0.6; 0.6; 0.8; 0.8; L/2; L; L/2; L; L/2; L/2; L; L/2; L; L/2

续表

<table>
<tr><th>项次</th><th>类别</th><th>体型及体型系数</th></tr>
<tr><td>9</td><td>X形平面</td><td> 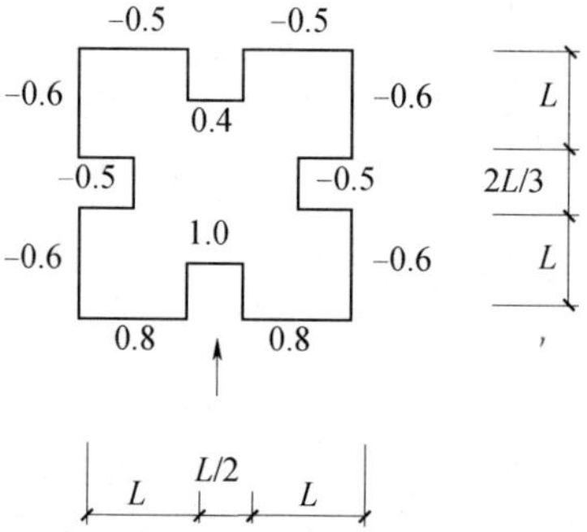</td></tr>
<tr><td>10</td><td>卄形平面</td><td> 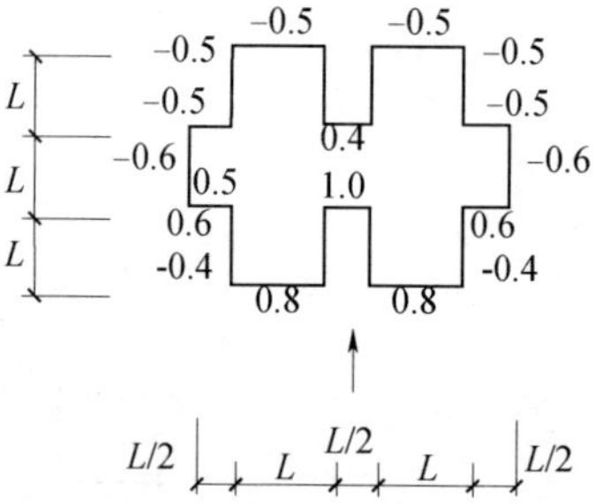</td></tr>
<tr><td>11</td><td>六角形平面</td><td> 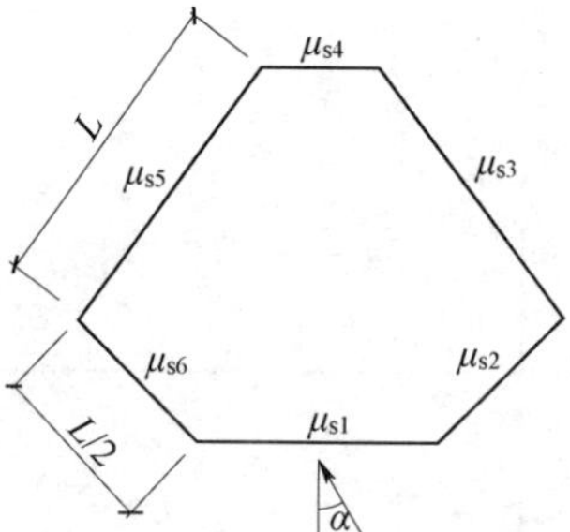

μ_s / α	μ_{s1}	μ_{s2}	μ_{s3}	μ_{s4}	μ_{s5}	μ_{s6}
0°	0.80	−0.45	−0.50	−0.60	−0.50	−0.45
30°	0.70	0.40	−0.55	−0.50	−0.55	−0.55

</td></tr>
</table>

续表

项次	类别	体型及体型系数
12	Y形平面	

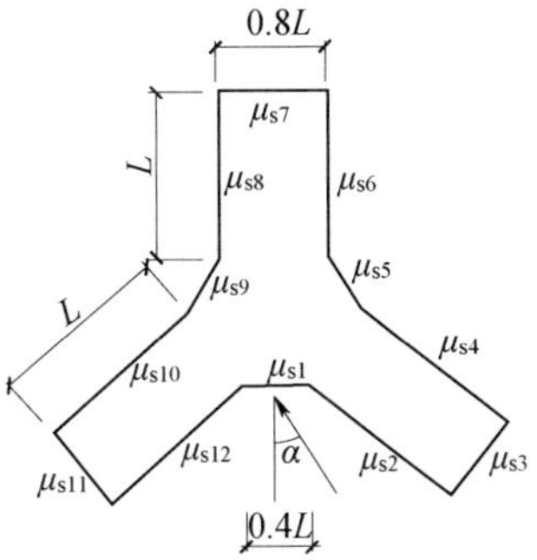

μ_s \ α	0°	10°	20°	30°	40°	50°	60°
μ_{s1}	1.05	1.05	1.00	0.95	0.90	0.50	−0.15
μ_{s2}	1.00	0.95	0.90	0.85	0.80	0.40	−0.10
μ_{s3}	−0.70	−0.10	0.30	0.50	0.70	0.85	0.95
μ_{s4}	−0.50	−0.50	−0.55	−0.60	−0.75	−0.40	−0.10
μ_{s5}	−0.50	−0.55	−0.60	−0.65	−0.75	−0.45	−0.15
μ_{s6}	−0.55	−0.55	−0.60	−0.70	−0.65	−0.15	−0.35
μ_{s7}	−0.50	−0.50	−0.50	−0.55	−0.55	−0.55	−0.55
μ_{s8}	−0.55	−0.55	−0.55	−0.50	−0.50	−0.50	−0.50
μ_{s9}	−0.50	−0.50	−0.50	−0.50	−0.50	−0.50	−0.50
μ_{s10}	−0.50	−0.50	−0.50	−0.50	−0.50	−0.50	−0.50
μ_{s11}	−0.70	−0.60	−0.55	−0.55	−0.55	−0.55	−0.55
μ_{s12}	1.00	0.95	0.90	0.80	0.75	0.65	0.35

2.2.10 围护结构（包括门窗）风荷载时的阵风系数

表 2-10　　阵 风 系 数 β_{gz}

离地面高度/m	地面粗糙度类别			
	A	B	C	D
5	1.65	1.70	2.05	2.40
10	1.60	1.70	2.05	2.40

续表

离地面高度/m	地面粗糙度类别			
	A	B	C	D
15	1.57	1.66	2.05	2.40
20	1.55	1.63	1.99	2.40
30	1.53	1.59	1.90	2.40
40	1.51	1.57	1.85	2.29
50	1.49	1.55	1.81	2.20
60	1.48	1.54	1.78	2.14
70	1.48	1.52	1.75	2.09
80	1.47	1.51	1.73	2.04
90	1.46	1.50	1.71	2.01
100	1.46	1.50	1.69	1.98
150	1.43	1.47	1.63	1.87
200	1.42	1.45	1.59	1.79
250	1.41	1.43	1.57	1.74
300	1.40	1.42	1.54	1.70
350	1.40	1.41	1.53	1.67
400	1.40	1.41	1.51	1.64
450	1.40	1.41	1.50	1.62
500	1.40	1.41	1.50	1.60
550	1.40	1.41	1.50	1.59

2.2.11 高耸结构的振型系数

表 2-11　　高耸结构的振型系数

相对高度	振　型　序　号			
z/H	1	2	3	4
0.1	0.02	−0.09	0.23	−0.39
0.2	0.06	−0.30	0.61	−0.75
0.3	0.14	−0.53	0.76	−0.43
0.4	0.23	−0.68	0.53	0.32
0.5	0.34	−0.71	0.02	0.71
0.6	0.46	−0.59	−0.48	0.33
0.7	0.59	−0.32	−0.66	−0.40

续表

相对高度	振　型　序　号			
z/H	1	2	3	4
0.8	0.79	0.07	−0.40	−0.64
0.9	0.86	0.52	0.23	−0.05
1.0	1.00	1.00	1.00	1.00

2.2.12　高层建筑的振型系数

表 2-12　　**高层建筑的振型系数**

相对高度	振　型　序　号			
z/H	1	2	3	4
0.1	0.02	−0.09	0.22	−0.38
0.2	0.08	−0.30	0.58	−0.73
0.3	0.17	−0.50	0.70	−0.40
0.4	0.27	−0.68	0.46	0.33
0.5	0.38	−0.63	−0.03	0.68
0.6	0.45	−0.48	−0.49	0.29
0.7	0.67	−0.18	−0.63	−0.47
0.8	0.74	0.17	−0.34	−0.62
0.9	0.86	0.58	0.27	−0.02
1.0	1.00	1.00	1.00	1.00

2.2.13　高耸结构的第 1 振型系数

表 2-13　　**高耸结构的第 1 振型系数**

相对高度	振　型　序　号				
z/H	$B_H/B_0=1.0$	0.8	0.6	0.4	0.2
0.1	0.02	0.02	0.01	0.01	0.01
0.2	0.06	0.06	0.05	0.04	0.03
0.3	0.14	0.12	0.11	0.09	0.07
0.4	0.23	0.21	0.19	0.16	0.13
0.5	0.34	0.32	0.29	0.26	0.21
0.6	0.46	0.44	0.41	0.37	0.31
0.7	0.59	0.57	0.55	0.51	0.45
0.8	0.79	0.71	0.69	0.66	0.61
0.9	0.86	0.86	0.85	0.83	0.80
1.0	1.00	1.00	1.00	1.00	1.00

注：表中 B_H、B_0 分别为结构顶部和底部的宽度。

2.2.14 横风向广义风力功率谱的角沿修正系数

表 2-14　横风向广义风力功率谱的角沿修正系数 C_{sm}

角沿情况	地面粗糙度类别	b/B	折减频率（f_{L1}^{*}）						
			0.100	0.125	0.150	0.175	0.200	0.225	0.250
削角	B类	5%	0.183	0.905	1.2	1.2	1.2	1.2	1.1
		10%	0.070	0.349	0.568	0.653	0.684	0.670	0.653
		20%	0.106	0.902	0.953	0.819	0.743	0.667	0.626
	D类	5%	0.368	0.749	0.922	0.955	0.943	0.917	0.897
		10%	0.256	0.504	0.659	0.706	0.713	0.697	0.686
		20%	0.339	0.974	0.977	0.894	0.841	0.805	0.790
凹角	B类	5%	0.106	0.595	0.980	1.0	1.0	1.0	1.0
		10%	0.033	0.228	0.450	0.565	0.610	0.604	0.594
		20%	0.042	0.842	0.563	0.451	0.421	0.400	0.400
	D类	5%	0.267	0.586	0.839	0.955	0.987	0.991	0.984
		10%	0.091	0.261	0.452	0.567	0.613	0.633	0.628
		20%	0.169	0.954	0.659	0.527	0.475	0.447	0.453

注： 1. A类地面粗糙度的 C_{sm} 可按B类取值。

2. C类地面粗糙度的 C_{sm} 可按B类和D类插值取用。

3. b——削角或凹角修正尺寸（m）；B——结构的迎风面宽度（m）。

2.2.15 顺风向风振加速度的脉动系数

表 2-15　顺风向风振加速度的脉动系数 η_a

x_1	$\zeta_1=0.01$	$\zeta_1=0.02$	$\zeta_1=0.03$	$\zeta_1=0.04$	$\zeta_1=0.05$
5	4.14	2.94	2.41	2.10	1.88
6	3.93	2.79	2.28	1.99	1.78
7	3.75	2.66	2.18	1.90	1.70
8	3.59	2.55	2.09	1.82	1.63
9	3.46	2.46	2.02	1.75	1.57
10	3.35	2.38	1.95	1.69	1.52
20	2.67	1.90	1.55	1.35	1.21
30	2.34	1.66	1.36	1.18	1.06
40	2.12	1.51	1.23	1.07	0.96
50	1.97	1.40	1.15	1.00	0.89
60	1.86	1.32	1.08	0.94	0.84

续表

x_1	$\zeta_1=0.01$	$\zeta_1=0.02$	$\zeta_1=0.03$	$\zeta_1=0.04$	$\zeta_1=0.05$
70	1.76	1.25	1.03	0.89	0.80
80	1.69	1.20	0.98	0.85	0.76
90	1.62	1.15	0.94	0.82	0.74
100	1.56	1.11	0.91	0.79	0.71
120	1.47	1.05	0.86	0.74	0.67
140	1.40	0.99	0.81	0.71	0.63
160	1.34	0.95	0.78	0.68	0.61
180	1.29	0.91	0.75	0.65	0.58
200	1.24	0.88	0.72	0.63	0.56
220	1.20	0.85	0.70	0.61	0.55
240	1.17	0.83	0.68	0.59	0.53
260	1.14	0.81	0.66	0.58	0.52
280	1.11	0.79	0.65	0.56	0.50
300	1.09	0.77	0.63	0.55	0.49

注： x_1——系数；ζ——结构阻尼比。

2.2.16 顶部附加地震作用系数

表 2-16　　顶部附加地震作用系数 δ_n

T_g/s	$T_1>1.4T_g$	$T_1\leqslant1.4T_g$
$T_g\leqslant0.35$	$0.08T_1+0.07$	不考虑
$0.35<T_g\leqslant0.55$	$0.08T_1+0.01$	
$T_g>0.55$	$0.08T_1-0.02$	

注： 1. T_g 为场地特征周期。

2. T_1 为结构基本自振周期，可按 $T_1=1.7\psi_T\sqrt{u_T}$ 计算，也可采用根据实测数据并考虑地震作用影响的其他方法计算。其中，ψ_T 为考虑非承重墙刚度对结构自振周期影响的折减系数，框架结构可取 0.6～0.7，框架-剪力墙结构可取 0.7～0.8，框架-核心筒结构可取 0.8～0.9，剪力墙结构可取 0.8～1.0；u_T 为假想的结构顶点水平位移（m）。

2.2.17 采用时程分析法的高层建筑结构

表 2-17　　采用时程分析法的高层建筑结构

抗震设防烈度、场地类别	建筑高度范围/m
8 度Ⅰ、Ⅱ类场地和 7 度	>100
8 度Ⅲ、Ⅳ类场地	>80
9 度	>60

注： 场地类别应按现行国家标准《建筑抗震设计规范》（GB 50011—2010）的规定采用。

2.2.18 时程分析时输入地震加速度的最大值

表 2-18 时程分析时输入地震加速度（cm/s^2）的最大值

地震影响	6度	7度	8度	9度
多遇地震	18	35（55）	70（110）	140
设防地震	50	100（150）	200（300）	400
罕遇地震	125	220（310）	400（510）	620

注：7、8度时括号内数值分别用于设计基本地震加速度为0.15g和0.30g的地区，此处g为重力加速度。

2.2.19 水平地震影响系数最大值

表 2-19 水平地震影响系数最大值 α_{max}

地震影响	6度	7度	8度	9度
多遇地震	0.04	0.08（0.12）	0.16（0.24）	0.32
设防地震	0.12	0.23（0.34）	0.45（0.68）	0.90
罕遇地震	0.28	0.50（0.72）	0.90（1.20）	1.40

注：7、8度时括号内数值分别用于设计基本地震加速度0.15g和0.30g的地区，此处g为重力加速度。

2.2.20 建筑结构特征周期值

表 2-20 建筑结构特征周期值 （单位：s）

设计地震分组	场地类别				
	I_0	I_1	Ⅱ	Ⅲ	Ⅳ
第一组	0.20	0.25	0.35	0.45	0.65
第二组	0.25	0.30	0.40	0.55	0.75
第三组	0.30	0.35	0.45	0.65	0.90

2.2.21 楼层最小地震剪力系数值

表 2-21 楼层最小地震剪力系数值 λ

类别	6度	7度	8度	9度
扭转效应明显或基本周期小于3.5s的结构	0.008	0.016（0.024）	0.032（0.048）	0.064
基本周期大于5.0s的结构	0.006	0.012（0.018）	0.024（0.036）	0.048

注：1. 基本周期介于3.5s和5.0s之间的结构，应允许线性插取值。
2. 7、8度时括号内数值分别用于设计基本地震加速度0.15g和0.30g的地区，此处g为重力加速度。

2.2.22 竖向地震作用系数

表 2-22　　竖向地震作用系数

抗震设防烈度	7度	8度		9度
设计基本地震加速度	0.15g	0.20g	0.30g	0.40g
竖向地震作用系数	0.08	0.10	0.15	0.20

注： g 为重力加速度。

2.2.23 突出屋面房屋地震作用增大系数

表 2-23　　突出屋面房屋地震作用增大系数 β_n

结构基本自振周期 T_1/s	K_n/K G_n/G	0.001	0.010	0.050	0.100
0.25	0.01	2.0	1.6	1.5	1.5
	0.05	1.9	1.8	1.6	1.6
	0.10	1.9	1.8	1.6	1.5
0.50	0.01	2.6	1.9	1.7	1.7
	0.05	2.1	2.4	1.8	1.8
	0.10	2.2	2.4	2.0	1.8
0.75	0.01	3.6	2.3	2.2	2.2
	0.05	2.7	3.4	2.5	2.3
	0.10	2.2	3.3	2.5	2.3
1.00	0.01	4.8	2.9	2.7	2.7
	0.05	3.6	4.3	2.9	2.7
	0.10	2.4	4.1	3.2	3.0
1.50	0.01	6.6	3.9	3.5	3.5
	0.05	3.7	5.8	3.8	3.6
	0.10	2.4	5.6	4.2	3.7

注： 1. K_n、G_n 分别为突出屋面房屋的侧向刚度和重力荷载代表值；K、G 分别为主体结构层侧向刚度和重力荷载代表值，可取各层的平均值。

2. 楼层侧向刚度可由楼层剪力除以楼层层间位移计算。

3

高层框架与剪力墙结构设计

3.1 公式速查

3.1.1 水平加腋梁尺寸的计算

框架梁、柱中心线宜重合。当梁柱中心线不能重合时，在计算中应考虑偏心对梁柱节点核心区受力和构造的不利影响，以及梁荷载对柱子的偏心影响。

梁、柱中心线之间的偏心距，9 度抗震设计时不应大于柱截面在该方向宽度的 1/4；非抗震设计和 6～8 度抗震设计时不宜大于柱截面在该方向宽度的 1/4，如偏心距大于该方向柱宽的 1/4 时，可采取增设梁的水平加腋（如图 3－1 所示）等措施。设置水平加腋后，仍须考虑梁柱偏心的不利影响。

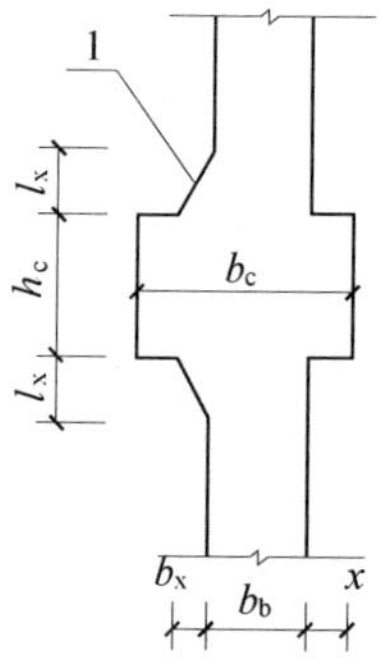

图 3－1 水平加腋梁

1—梁水平加腋

（1）梁的水平加腋厚度可取梁截面高度，其水平尺寸宜满足下列要求：

$$b_x/l_x \leqslant 1/2$$

$$b_x/b_b \leqslant 2/3$$

$$b_b + b_x + x \geqslant b_c/2$$

式中 b_x——梁水平加腋宽度（mm）；

l_x——梁水平加腋长度（mm）；

b_b——梁截面宽度（mm）；

b_c——沿偏心方向柱截面宽度（mm）；

x——非加腋侧梁边到柱边的距离（mm）。

（2）梁采用水平加腋时，框架节点有效宽度 b_j 应符合下式要求。

①当 $x=0$ 时，b_j 按下式计算：

$$b_j \leqslant b_b + b_x$$

②当 $x \neq 0$ 时，b_j 取下面前两个式中的最大值，且应满足第三个式的要求：

$$b_j \leqslant b_b + b_x + x$$

$$b_j \leqslant b_b + 2x$$

$$b_j \leqslant b_b + 0.5h_c$$

式中 b_x——梁水平加腋宽度（mm）；

b_b——梁截面宽度（mm）；

x——非加腋侧梁边到柱边的距离（mm）；

h_c——柱截面高度（mm）。

3.1.2 框架的梁、柱节点处考虑地震作用组合的柱端弯矩设计值计算

抗震设计时，除顶层、柱轴压比小于 0.15 者及框支梁柱节点外，框架的梁、柱节点处考虑地震作用组合的柱端弯矩设计值应符合下列要求。

（1）一级框架结构及抗震烈度 9 度时的框架：

$$\sum M_c = 1.2\sum M_{bua}$$

（2）其他情况：

$$\sum M_c = \eta_c \sum M_b$$

式中 $\sum M_c$——节点上、下柱端截面顺时针或逆时针方向组合弯矩设计值之和，上、下柱端的弯矩设计值，可按弹性分析的弯矩比例进行分配；

$\sum M_{bua}$——节点左、右梁端逆时针或顺时针方向实配的正截面抗震受弯承载力所对应的弯矩值之和，可根据实际配筋面积（计入受压钢筋和梁有效翼缘宽度范围内的楼板钢筋）和材料强度标准值并考虑承载力抗震调整系数计算；

$\sum M_b$——节点左、右梁端截面逆时针或顺时针方向组合弯矩设计值之和，当抗震等级为一级且节点左、右梁端均为负弯矩时，绝对值较小的弯矩应取零；

η_c——柱端弯矩增大系数，对框架结构，二、三级分别取 1.5 和 1.3；对其他结构中的框架，一、二、三、四级分别取 1.4、1.2、1.1 和 1.1。

3.1.3 抗震设计的框架柱、框支柱端部截面的剪力设计值计算

抗震设计的框架柱、框支柱端部截面的剪力设计值，一、二、三、四级时应按下列公式进行计算：

（1）一级框架结构和抗震烈度 9 度时的框架：

$$V = 1.2(M_{cua}^t + M_{cua}^b)/H_n$$

（2）其他情况：

$$V = \eta_{vc}(M_c^t + M_c^b)/H_n$$

式中 M_{cua}^t、M_{cua}^b——柱上、下端顺时针或逆时针方向实配的正截面抗震受弯承载力所对应的弯矩值，可根据实配钢筋面积、材料强度标准值和重力荷载代表值产生的轴向压力设计值并考虑承载力抗震调整系数计算；

M_c^t、M_c^b——柱上、下端顺时针或逆时针方向截面组合的弯矩设计值；

H_n——柱的净高；

η_{vc}——柱端剪力增大系数，对框架结构，二、三级分别取 1.3、1.2；对其他结构类型的框架，一、二级分别取 1.4 和 1.2，三、四级均取 1.1。

3.1.4 抗震设计时框架梁端部截面组合的剪力设计值计算

抗震设计时，框架梁端部截面组合的剪力设计值，一、二、三级时应按下列公式计算；四级时可直接取考虑地震作用组合的剪力计算值。

（1）一级框架结构及抗震烈度 9 度时的框架：

$$V=1.1(M_{bua}^{l}+M_{bua}^{r})/l_{n}+V_{Gb}$$

（2）其他情况：

$$V=\eta_{vb}(M_{b}^{l}+M_{b}^{r})/l_{n}+V_{Gb}$$

式中 M_{bua}^{l}、M_{bua}^{r}——梁左、右端逆时针或顺时针方向实配的正截面抗震受弯承载力所对应的弯矩值，可根据实配钢筋面积（计入受压钢筋，包括有效翼缘宽度范围内的楼板钢筋）和材料强度标准值并考虑承载力抗震调整系数计算；

M_{b}^{l}、M_{b}^{r}——梁左、右端逆时针或顺时针方向截面组合的弯矩设计值，当抗震等级为一级且梁两端弯矩均为负弯矩时，绝对值较小一端的弯矩应取零；

V_{Gb}——梁在重力荷载代表值（抗震烈度 9 度时还应包括竖向地震作用标准值）作用下，按简支梁分析的梁端截面剪力设计值；

η_{vb}——梁剪力增大系数，一、二、三级分别取 1.3、1.2 和 1.1；

l_{n}——梁的净跨。

3.1.5 框架梁、柱受剪截面受剪设计值计算

框架梁、柱，其受剪截面应符合下列要求。

（1）持久、短暂设计状况：

$$V\leqslant 0.25\beta_{c}f_{c}bh_{0}$$

（2）地震设计状况：

①跨高比大于 2.5 的梁及剪跨比大于 2 的柱：

$$V\leqslant \frac{1}{\gamma_{RE}}(0.2\beta_{c}f_{c}bh_{0})$$

②跨高比不大于 2.5 的梁及剪跨比不大于 2 的柱：

$$V\leqslant \frac{1}{\gamma_{RE}}(0.15\beta_{c}f_{c}bh_{0})$$

③框架柱的剪跨比：

$$\lambda=M_{c}/(V_{c}h_{0})$$

式中 V——梁、柱计算截面的剪力设计值；

β_{c}——混凝土强度影响系数，当混凝土强度等级不大于 C50 时取 1.0；当混凝土强度等级为 C80 时取 0.8；当混凝土强度等级在 C50 和 C80 之间时可按线性内插取用；

f_{c}——混凝土轴心抗压强度设计值；

b——矩形截面的宽度，T 形截面、工形截面的腹板宽度；

h_{0}——梁、柱截面计算方向有效高度；

γ_{RE}——构件承载力抗震调整系数；

λ——框架柱的剪跨比，反弯点位于柱高中部的框架柱，可取柱净高与计算方向2倍柱截面有效高度之比值；

M_c——柱端截面未经调整的组合弯矩计算值，可取柱上、下端的较大值；

V_c——柱端截面与组合弯矩计算值对应的组合剪力计算值。

3.1.6 矩形截面偏心受压框架柱的斜截面受剪承载力计算

矩形截面偏心受压框架柱，其斜截面受剪承载力应按下列公式计算。

（1）持久、短暂设计状况：

$$V \leqslant \frac{1.75}{\lambda+1} f_t b h_0 + f_{yv} \frac{A_{sv}}{s} h_0 + 0.07N$$

（2）地震设计状况：

$$V \leqslant \frac{1}{\gamma_{RE}} \left(\frac{1.05}{\lambda+1} f_t b h_0 + f_{yv} \frac{A_{sv}}{s} h_0 + 0.056N \right)$$

式中 λ——框架柱的剪跨比，当$\lambda<1$时，取$\lambda=1$；当$\lambda>3$时，取$\lambda=3$；

f_t——混凝土轴心抗拉强度设计值；

b——矩形截面的宽度，T形截面、工形截面的腹板宽度；

f_{yv}——横向钢筋的抗拉强度设计值；

A_{sv}——梁、柱同一截面各肢箍筋的全部截面面积；

s——箍筋间距；

h_0——梁、柱截面计算方向有效高度；

N——考虑风荷载或地震作用组合的框架柱轴向压力设计值，当N大于$0.3f_cA_c$时，取$0.3f_cA_c$；

γ_{RE}——构件承载力抗震调整系数。

3.1.7 矩形截面框架柱出现拉力时的斜截面受剪承载力计算

当矩形截面框架柱出现拉力时，其斜截面受剪承载力应按下列公式计算。

（1）持久、短暂设计状况：

$$V \leqslant \frac{1.75}{\lambda+1} f_t b h_0 + f_{yv} \frac{A_{sv}}{s} h_0 - 0.2N$$

（2）地震设计状况：

$$V \leqslant \frac{1}{\gamma_{RE}} \left(\frac{1.05}{\lambda+1} f_t b h_0 + f_{yv} \frac{A_{sv}}{s} h_0 - 0.2N \right)$$

式中 λ——框架柱的剪跨比；

f_t——混凝土轴心抗拉强度设计值；

b——矩形截面的宽度，T形截面、工形截面的腹板宽度；

f_{yv}——横向钢筋的抗拉强度设计值；

A_{sv}——梁、柱同一截面各肢箍筋的全部截面面积；

s——箍筋间距；

h_0——梁、柱截面计算方向有效高度；

N——与剪力设计值 V 对应的轴向拉力设计值，取绝对值；

γ_{RE}——构件承载力抗震调整系数。

3.1.8 柱箍筋加密区箍筋的体积配箍率计算

柱箍筋加密区箍筋的体积配箍率，应符合下式要求：

$$\rho_v \geqslant \lambda_v f_c / f_{yv}$$

式中 ρ_v——柱箍筋的体积配箍率；

λ_v——柱最小配箍特征值，宜按表 3－7 采用；

f_c——混凝土轴心抗压强度设计值，当柱混凝土强度等级低于 C35 时，应按 C35 计算；

f_{yv}——柱箍筋或拉筋的抗拉强度设计值。

3.1.9 非抗震设计时受拉钢筋搭接长度的计算

非抗震设计时，受拉钢筋的最小锚固长度应取 l_a。受拉钢筋绑扎搭接的搭接长度，应根据位于同一连接区段内搭接钢筋的截面面积的百分率按下式计算，且不应小于 300mm。

$$l_l = \zeta l_a$$

式中 l_l——纵向受拉钢筋的搭接长度；

l_a——受拉钢筋的锚固长度（mm），应按现行国家标准《混凝土结构设计规范》（GB 50010－2010）的有关规定采用；

ζ——纵向受拉钢筋搭接长度的修正系数，应按表 3－8 采用。

3.1.10 底部加强部位剪力墙截面的剪力设计值计算

底部加强部位剪力墙截面的剪力设计值应按下列公式进行计算。

（1）一、二、三级剪力墙：

$$V = \eta_{vw} V_w$$

（2）抗震烈度 9 度一级剪力墙：

$$V = 1.1 \frac{M_{wua}}{M_w} V_w$$

式中 V——底部加强部位剪力墙截面剪力设计值；

V_w——底部加强部位剪力墙截面考虑地震作用组合的剪力计算值；

η_{vw}——剪力增大系数，一级取 1.6，二级取 1.4，三级取 1.2；

M_{wua}——剪力墙正截面抗震受弯承载力，应考虑承载力抗震调整系数 γ_{RE}、采用实配纵筋面积、材料强度标准值和组合的轴力设计值等计算，有翼墙时应计入墙两侧各一倍翼墙厚度范围内的纵向钢筋；

M_w——底部加强部位剪力墙底截面弯矩的组合计算值。

3.1.11 剪力墙墙肢的稳定要求

剪力墙墙肢应满足下式的稳定要求：

$$q=\frac{E_c t^3}{10 l_0^2}$$

$$l_0=\beta h$$

式中 q——作用于墙顶组合的等效竖向均布荷载设计值；

E_c——剪力墙混凝土的弹性模量；

t——剪力墙墙肢截面厚度；

l_0——剪力墙墙肢计算长度；

h——墙肢所在楼层的层高；

β——墙肢计算长度系数
- ▲单片独立墙肢
- ■T 形、L 形、槽形和工字型剪力墙的翼缘
- ◆T 形剪力墙的腹板
- ★槽形和工字形剪力墙的腹板

▲ 单片独立墙肢按两边支承板计算，取 β 等于 1.0。

■ T 形、L 形、槽形和工字形剪力墙翼缘（图 3－2），采用三边支承板按下式计算；当 β 计算值小于 0.25 时，取 0.25。

$$\beta=\frac{1}{\sqrt{1+\left(\frac{h}{2b_f}\right)^2}}$$

式中 h——墙肢所在楼层的层高；

b_f——T 形、L 形、槽形、工字形剪力墙的单侧翼缘截面高度，取图 3－2 中各 b_{fi} 的较大值或最大值。

◆ T 形剪力墙的腹板（图 3－2）采用三边支承板按下式计算：

$$\beta=\frac{1}{\sqrt{1+\left(\frac{h}{2b_w}\right)^2}}$$

式中 h——墙肢所在楼层的层高；

b_w——T 形剪力墙的腹板面高度。

★ 槽形和工字形剪力墙的腹板（图 3－2），采用四边支承板按下式计算；当 β 计算值小于 0.2 时，取 0.2。

$$\beta=\frac{1}{\sqrt{1+\left(\frac{3h}{2b_w}\right)^2}}$$

式中 h——墙肢所在楼层的层高；

b_w——槽形、工字形剪力墙的腹板面高度。

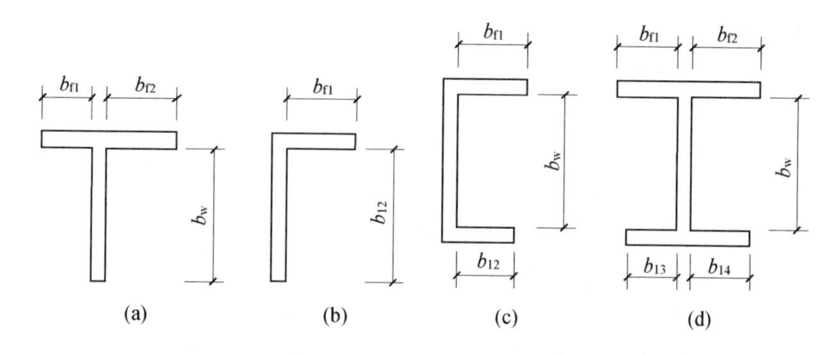

图 3－2　剪力墙腹板与单侧翼缘截面高度示意

(a) T形；(b) L形；(c) 槽形；(d) 工字形

3.1.12　剪力墙墙肢截面剪力设计值计算

剪力墙墙肢截面剪力设计值应符合下列规定。

(1) 永久、短暂设计状况。

$$V \leqslant 0.25\beta_c f_c b_w h_{w0}$$

(2) 地震设计状况。

①剪跨比 λ 大于 2.5：

$$V \leqslant \frac{1}{\gamma_{RE}}(0.20\beta_c f_c b_w h_{w0})$$

②剪跨比 λ 不大于 2.5：

$$V \leqslant \frac{1}{\gamma_{RE}}(0.15\beta_c f_c b_w h_{w0})$$

$$\lambda = M_c/(V_c h_{w0})$$

式中　V——剪力墙墙肢截面的剪力设计值；

β_c——混凝土强度影响系数，当混凝土强度等级不大于 C50 时取 1.0；当混凝土强度等级为 C80 时取 0.8；当混凝土强度等级在 C50 和 C80 之间时可按线性内插取用；

f_c——混凝土轴心抗压强度设计值；

b_w——剪力墙截面宽度；

h_{w0}——剪力墙截面有效高度；

γ_{RE}——构件承载力抗震调整系数；

λ——剪跨比，其中 M_c、V_c 应取同一组合的、未按《高层建筑混凝土结构技术规程》(JGJ 3—2010) 有关规定调整的墙肢截面弯矩、剪力计算值，并取墙肢上、下端截面计算的剪跨比的较大值；

M_c——剪力墙端截面未经调整的组合弯矩计算值，可取墙肢上、下端的较大值；

V_c——剪力墙端截面与组合弯矩计算值对应的组合剪力计算值。

3.1.13　矩形、T形、I形偏心受压剪力墙墙肢的正截面受压承载力计算

矩形、T形、I形偏心受压剪力墙墙肢（如图3-3所示）的正截面受压承载力应按下列规定计算。

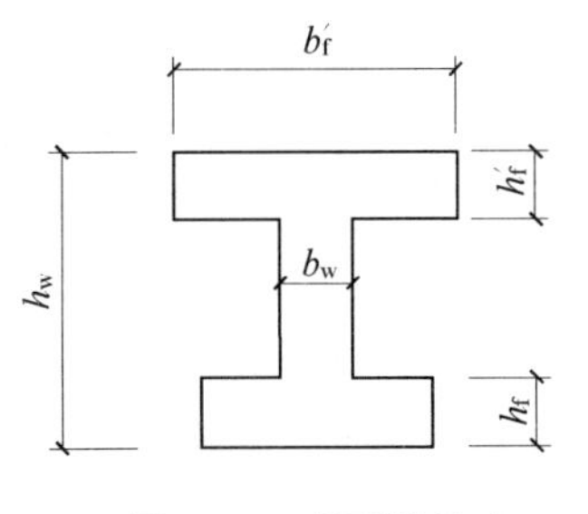

图3-3　截面及尺寸

（1）持久、短暂设计状况：

$$N \leqslant A_s' f_y' - A_s \sigma_s - N_{sw} + N_c$$

$$N\left(e_0 + h_{w0} - \frac{h_w}{2}\right) \leqslant A_s' f_y'(h_{w0} - a_s') - M_{sw} + M_c$$

（2）地震设计状况：

$$N \leqslant \frac{1}{\gamma_{RE}}(A_s' f_y' - A_s \sigma_s - N_{sw} + N_c)$$

$$N\left(e_0 + h_{w0} - \frac{h_w}{2}\right) \leqslant \frac{1}{\gamma_{RE}}[A_s' f_y'(h_{w0} - a_s') - M_{sw} + M_c]$$

式中　N——轴向力设计值；

A_s'——受压区纵向钢筋截面面积；

f_y'——剪力墙端部受压钢筋强度设计值；

A_s——受拉区纵向钢筋截面面积；

σ_s——$\begin{cases} 当\ x \leqslant \xi_b h_{w0}\ 时，\sigma_s = f_y； \\ 当\ x > \xi_b h_{w0}\ 时，\sigma_s = \dfrac{f_y}{\xi_b - 0.8}\left(\dfrac{x}{h_{w0}} - \beta_c\right)； \end{cases}$

ξ_b——界限相对受压区高度，$\xi_b = \dfrac{\beta_c}{1 + \dfrac{f_y}{E_s \varepsilon_{cu}}}$；

f_y——剪力墙端部受拉钢筋强度设计值；

β_c——混凝土强度影响系数，当混凝土强度等级不大于C50时取1.0；当混凝土强度等级为C80时取0.8；当混凝土强度等级在C50和C80之间时可按线性内插取用；

E_s——钢筋弹性模量；

ε_{cu}——混凝土极限压应变，应按现行国家标准《混凝土结构设计规范》（GB 50010—2010）的有关规定采用；

N_{sw}——$\begin{cases} 当\ x \leqslant \xi_b h_{w0}\ 时，N_{sw} = (h_{w0} - 1.5x) b_w f_{yw} \rho_w； \\ 当\ x > \xi_b h_{w0}\ 时，N_{sw} = 0； \end{cases}$

f_{yw}——剪力墙墙体竖向分布钢筋强度设计值；

ρ_w——剪力墙竖向分布钢筋配筋率；

N_c——$\begin{cases} 当\ x > h_f'\ 时，N_c = \alpha_1 f_c b_w x + \alpha_1 f_c (b_f' - b_w) h_f'； \\ 当\ x \leqslant h_f'\ 时，N_c = \alpha_1 f_c b_f' x； \end{cases}$

x——受压区高度；

h_f'——T形或I形截面受压区翼缘的高度；

b_f'——T形或I形截面受压区翼缘宽度；

α_1——受压区混凝土矩形应力图的应力与混凝土轴心抗压强度设计值的比值，混凝土强度等级不超过C50时取1.0，混凝土强度等级为C80时取0.94，混凝土强度等级在C50和C80之间时可按线性内插取值；

f_c——混凝土轴心抗压强度设计值；

b_w——剪力墙截面宽度；

e_0——偏心距，$e_0=M/N$；

M——弯矩设计值；

h_{w0}——剪力墙截面有效高度，$h_{w0}=h_w-a_s'$；

h_w——剪力墙截面的腹板高度；

a_s'——剪力墙受压区端部钢筋合力点到受压区边缘的距离；

M_{sw}——$\begin{cases} 当\ x\leqslant\xi_b h_{w0}时，M_{sw}=\dfrac{1}{2}(h_{w0}-1.5x)^2 b_w f_{yw}\rho_w； \\ 当\ x>\xi_b h_{w0}时，M_{sw}=0； \end{cases}$

M_c——$\begin{cases} 当\ x>h_f'时，M_c=\alpha_1 f_c b_w x\left(h_{w0}-\dfrac{x}{2}\right)+\alpha_1 f_c\ (b_f'-b_w)\ h_f'\left(h_{w0}-\dfrac{h_f'}{2}\right)； \\ 当\ x\leqslant h_f'时，M_c=\alpha_1 f_c b_f' x\left(h_{w0}-\dfrac{x}{2}\right)； \end{cases}$

γ_{RE}——构件承载力抗震调整系数，取0.85。

3.1.14 矩形截面偏心受拉剪力墙的正截面受拉承载力计算

矩形截面偏心受拉剪力墙的正截面受拉承载力应符合下列规定。

（1）永久、短暂设计状况：

$$N\leqslant\frac{1}{\dfrac{1}{2A_s f_y+A_{sw}f_{yw}}+\dfrac{e_0}{A_s f_y(h_{w0}-a_s')+A_{sw}f_{yw}\dfrac{(h_{w0}-a_s')}{2}}}$$

（2）地震设计状况：

$$N\leqslant\frac{1}{\gamma_{RE}}\left(\frac{1}{\dfrac{1}{2A_s f_y+A_{sw}f_{yw}}+\dfrac{e_0}{A_s f_y(h_{w0}-a_s')+A_{sw}f_{yw}\dfrac{(h_{w0}-a_s')}{2}}}\right)$$

式中　A_s——受拉区纵向钢筋截面面积；

f_y——剪力墙端部受拉钢筋强度设计值；

A_{sw}——剪力墙竖向分布钢筋的截面面积；

f_{yw}——剪力墙墙体竖向分布钢筋强度设计值；

e_0——偏心距，$e_0=M/N$；

M——弯矩设计值；

N——轴向力设计值；

h_{w0}——剪力墙截面有效高度，$h_{w0}=h_w-a'_s$；

h_w——剪力墙截面的腹板高度；

a'_s——剪力墙受压区端部钢筋合力点到受压区边缘的距离；

γ_{RE}——构件承载力抗震调整系数。

3.1.15 偏心受压剪力墙的斜截面受剪承载力计算

偏心受压剪力墙的斜截面受剪承载力 V 应符合下列规定。

(1) 永久、短暂设计状况：

$$V\leqslant\frac{1}{\lambda-0.5}\left(0.5f_tb_wh_{w0}+0.13N\frac{A_w}{A}\right)+f_{yh}\frac{A_{sh}}{s}h_{w0}$$

(2) 地震设计状况：

$$V\leqslant\frac{1}{\gamma_{RE}}\left[\frac{1}{\lambda-0.5}\left(0.4f_tb_wh_{w0}+0.1N\frac{A_w}{A}\right)+0.8f_{yh}\frac{A_{sh}}{s}h_{w0}\right]$$

式中 N——剪力墙截面轴向压力设计值，N 大于 $0.2f_cb_wh_w$ 时，应取 $0.2f_cb_wh_w$；

A——剪力墙全截面面积；

A_w——T 形或 I 形截面剪力墙腹板的面积，矩形截面时应取 A；

λ——计算截面的剪跨比，λ 小于 1.5 时应取 1.5，λ 大于 2.2 时应取 2.2，计算截面与墙底之间的距离小于 $0.5h_{w0}$ 时，λ 应按距墙底 $0.5h_{w0}$ 处的弯矩值与剪力值计算；

s——剪力墙水平分布钢筋间距；

b_w——剪力墙截面宽度；

h_{w0}——剪力墙截面有效高度；

f_{yh}——剪力墙水平分布钢筋的抗拉强度设计值；

A_{sh}——剪力墙水平分布钢筋的全部截面面积；

f_t——混凝土轴心抗拉强度设计值；

γ_{RE}——构件承载力抗震调整系数。

3.1.16 偏心受拉剪力墙的斜截面受剪承载力计算

偏心受拉剪力墙的斜截面受剪承载力 V 应符合下列规定。

(1) 永久、短暂设计状况：

$$V\leqslant\frac{1}{\lambda-0.5}\left(0.5f_tb_wh_{w0}-0.13N\frac{A_w}{A}\right)+f_{yh}\frac{A_{sh}}{s}h_{w0}$$

(2) 地震设计状况：

$$V \leqslant \frac{1}{\gamma_{RE}}\left[\frac{1}{\lambda-0.5}\left(0.4f_t b_w h_{w0}-0.1N\frac{A_w}{A}\right)+0.8f_{yh}\frac{A_{sh}}{s}h_{w0}\right]$$

式中 N——剪力墙截面轴向压力设计值，N 大于 $0.2f_c b_w h_w$ 时，应取 $0.2f_c b_w h_w$；

A——剪力墙全截面面积；

A_w——T形或I形截面剪力墙腹板的面积，矩形截面时应取 A；

λ——计算截面的剪跨比，λ 小于 1.5 时应取 1.5，λ 大于 2.2 时应取 2.2，计算截面与墙底之间的距离小于 $0.5h_{w0}$ 时，λ 应按距墙底 $0.5h_{w0}$ 处的弯矩值与剪力值计算；

s——剪力墙水平分布钢筋间距；

b_w——剪力墙截面宽度；

h_{w0}——剪力墙截面有效高度；

f_{yh}——剪力墙水平分布钢筋的抗拉强度设计值；

A_{sh}——剪力墙水平分布钢筋的全部截面面积；

f_t——混凝土轴心抗拉强度设计值；

γ_{RE}——构件承载力抗震调整系数。

3.1.17 抗震等级为一级的剪力墙水平施工缝剪力设计值计算

抗震等级为一级的剪力墙，水平施工缝的抗滑移应符合下式要求：

$$V_{wj} \leqslant \frac{1}{\gamma_{RE}}(0.6f_y A_s+0.8N)$$

式中 V_{wj}——剪力墙水平施工缝处剪力设计值；

f_y——竖向钢筋抗拉强度设计值；

A_s——水平施工缝处剪力墙腹板内竖向分布钢筋和边缘构件中的竖向钢筋总面积（不包括两侧翼墙），以及在墙体中有足够锚固长度的附加竖向插筋面积；

N——水平施工缝处考虑地震作用组合的轴向力设计值，压力取正值，拉力取负值；

γ_{RE}——构件承载力抗震调整系数。

3.1.18 剪力墙的约束边缘构件体积配箍率计算

约束边缘构件沿墙肢的长度 l_c 和箍筋配箍特征值 λ_v 应符合表 3-12 的要求，其体积配箍率 ρ_v 应按下式计算：

$$\rho_v=\lambda_v\frac{f_c}{f_{yv}}$$

式中 ρ_v——箍筋体积配箍率，可计入箍筋、拉筋以及符合构件要求的水平分布钢筋，计入的水平分布钢筋的体积配箍率不应大于总体积配箍率的 30%；

λ_v——约束边缘构件配箍特征值；

f_c——混凝土轴心抗压强度设计值，混凝土强度等级低于 C35 时，应取 C35 的混凝土轴心抗压强度设计值；

f_{yv}——箍筋、拉筋或水平分布钢筋的抗拉强度设计值。

3.1.19 连梁两端截面的剪力设计值计算

连梁两端截面的剪力设计值 V 应按下列规定确定。

（1）一、二、三级剪力墙的连梁：

$$V=\eta_{vb}\frac{M_b^l+M_b^r}{l_n}+V_{Gb}$$

（2）抗震烈度 9 度时一级剪力墙的连梁：

$$V=\eta_{vb}\frac{M_{bua}^l+M_{bua}^r}{l_n}+V_{Gb}$$

式中 η_{vb}——连梁剪力增大系数，一级取 1.3，二级取 1.2，三级取 1.1；

M_b^l、M_b^r——连梁左右端截面顺时针或逆时针方向的弯矩设计值；

V_{Gb}——在重力荷载代表值作用下按简支梁计算的梁端截面剪力设计值；

l_n——连梁的净距；

M_{bua}^l、M_{bua}^r——连梁左右端截面顺时针或逆时针方向实配的抗震受弯承载力所对应的弯矩值，应按实配钢筋面积（计入受压钢筋）和材料强度标准值并考虑承载力抗震调整系数计算。

3.1.20 连梁截面的剪力设计值计算

连梁截面剪力设计值 V 应符合下列规定。

（1）永久、短暂设计状况：

$$V\leqslant 0.25\beta_c f_c b_b h_{b0}$$

（2）地震设计状况：

跨高比大于 2.5 的连梁：

$$V\leqslant\frac{1}{\gamma_{RE}}(0.20\beta_c f_c b_b h_{b0})$$

跨高比不大于 2.5 的连梁：

$$V\leqslant\frac{1}{\gamma_{RE}}(0.15\beta_c f_c b_b h_{b0})$$

式中 β_c——混凝土强度影响系数，当混凝土强度等级不大于 C50 时取 1.0；当混凝土强度等级为 C80 时取 0.8；当混凝土强度等级在 C50 和 C80 之间时可按线性内插取用；

f_c——混凝土轴心抗压强度设计值；

b_b——连梁截面宽度；

h_{b0}——连梁截面有效高度；

γ_{RE}——构件承载力抗震调整系数。

3.1.21 连梁斜截面受剪承载力的计算

连梁的斜截面受剪承载力应符合下列规定。

（1）永久、短暂设计状况：

$$V \leqslant 0.7 f_t b_b h_{b0} + f_{yv} \frac{A_{sv}}{s} h_{b0}$$

（2）地震设计状况。

跨高比大于2.5的连梁：

$$V \leqslant \frac{1}{\gamma_{RE}} \left(0.42 f_t b_b h_{b0} + f_{yv} \frac{A_{sv}}{s} h_{b0} \right)$$

跨高比不大于2.5的连梁：

$$V \leqslant \frac{1}{\gamma_{RE}} \left(0.38 f_t b_b h_{b0} + f_{yv} \frac{A_{sv}}{s} h_{b0} \right)$$

式中 f_t——混凝土轴心抗拉强度设计值；

b_b——连梁截面宽度；

h_{b0}——连梁截面有效高度；

f_{yv}——横向钢筋的抗拉强度设计值；

A_{sv}——梁、柱同一截面各肢箍筋的全部截面面积；

s——箍筋间距；

γ_{RE}——构件承载力抗震调整系数。

3.2 数据速查

3.2.1 梁纵向受拉钢筋最小配筋百分率

表3-1　梁纵向受拉钢筋最小配筋百分率 ρ_{min}（%）

抗震等级	位置	
	支座（取较大值）	跨中（取较大值）
一级	0.40和$80f_t/f_y$	0.30和$65f_t/f_y$
二级	0.30和$65f_t/f_y$	0.25和$55f_t/f_y$
三、四级	0.25和$55f_t/f_y$	0.20和$45f_t/f_y$

注：f_t——混凝土轴心抗拉强度设计值；f_y——竖向钢筋抗拉强度设计值。

3.2.2 梁端箍筋加密区的长度、箍筋最大间距和最小直径

表3-2　梁端箍筋加密区的长度、箍筋最大间距和最小直径

抗震等级	加密区长度（取较大值）/mm	箍筋最大间距（取最小值）/mm	箍筋最小直径/mm
一	$2.0h_b$，500	$h_b/4$，$6d$，100	10
二	$1.5h_b$，500	$h_b/4$，$8d$，100	8

续表

抗震等级	加密区长度（取较大值）/mm	箍筋最大间距（取最小值）/mm	箍筋最小直径/mm
三	$1.5h_b$，500	$h_b/4$，$8d$，150	8
四	$1.5h_b$，500	$h_b/4$，$8d$，150	6

注：1. d 为纵向钢筋直径，h_b 为梁截面高度。

2. 一、二级抗震等级框架梁，当箍筋直径大于 12mm、肢数不少于 4 肢且肢距不大于 150mm 时，箍筋加密区最大间距应允许适当放松，但不应大于 150mm。

3.2.3 非抗震设计梁箍筋最大间距

表 3-3　非抗震设计梁箍筋最大间距（mm）

h_b/mm　＼　V	$V>0.7f_tbh_0$	$V\leqslant0.7f_tbh_0$
$h_b\leqslant300$	150	200
$300<h_b\leqslant500$	200	300
$500<h_b\leqslant800$	250	350
$h_b>800$	300	400

注：h_b——梁截面高度；f_b——混凝土轴心抗拉强度设计值；b——梁截面宽度；h_0——梁截面有效高度。

3.2.4 柱轴压比限值

表 3-4　柱轴压比限值

结构类型	抗震等级			
	一	二	三	四
框架结构	0.65	0.75	0.85	—
板柱-剪力墙、框架-剪力墙、框架-核心筒、筒中筒结构	0.75	0.85	0.90	0.95
部分框支剪力墙结构	0.60	0.70	—	

注：1. 轴压比指柱考虑地震作用组合的轴压力设计值与柱全截面面积和混凝土轴心抗压强度设计值乘积的比值。

2. 表内数值适用于混凝土强度等级不高于 C60 的柱。当混凝土强度等级为 C65～C70 时，轴压比限值应比表中数值降低 0.05；当混凝土强度等级为 C75～C80 时，轴压比限值应比表中数值降低 0.10。

3. 表内数值适用于剪跨比大于 2 的柱；剪跨比不大于 2 但不小于 1.5 的柱，其轴压比限值应比表中数值减小 0.05；剪跨比小于 1.5 的柱，其轴压比限值应专门研究并采取特殊构造措施。

4. 当沿柱全高采用井字复合箍，箍筋间距不大于 100mm、肢距不大于 200mm、直径不小于 12mm，或当沿柱全高采用复合螺旋箍，箍筋螺距不大于 100mm、肢距不大于 200mm、直径不小于 12mm，或当沿柱全高采用连续复合螺旋箍，且螺距不大于 80mm、肢距不大于 200mm、直径不小于 10mm 时，轴压比限值可增加 0.10。

5. 当柱截面中部设置由附加纵向钢筋形成的芯柱，且附加纵向钢筋的截面面积不小于柱截面面积的 0.8%时，柱轴压比限值可增加 0.05。当本项措施与注 4 的措施共同采用时，柱轴压比限值可比表中数值增加 0.15，但箍筋的配箍特征值仍可按轴压比增加 0.10 的要求确定。

6. 调整后的柱轴压比限值不应大于 1.05。

3.2.5 柱纵向受力钢筋最小配筋百分率

表 3-5　　柱纵向受力钢筋最小配筋百分率（%）

柱类型	抗震等级				非抗震
	一级	二级	三级	四级	
中柱、边柱	0.9（1.0）	0.7（0.8）	0.6（0.7）	0.5（0.6）	0.5
角柱	1.1	0.9	0.8	0.7	0.5
框支柱	1.1	0.9	—	—	0.7

注：1. 表中括号内数值适用于框架结构。
2. 采用335MPa级、400MPa级纵向受力钢筋时，应分别按表中数值增加0.1和0.05采用。
3. 当混凝土强度等级高于C60时，上述数值应增加0.1采用。

3.2.6 柱端箍筋加密区的构造要求

表 3-6　　柱端箍筋加密区的构造要求

抗震等级	箍筋最大间距/mm	箍筋最小直径/mm
一级	6*d* 和 100 的较小值	10
二级	8*d* 和 100 的较小值	8
三级	8*d* 和 150（柱根 100）的较小值	8
四级	8*d* 和 150（柱根 100）的较小值	6（柱根 8）

注：1. *d* 为柱纵向钢筋直径（mm）。
2. 柱根指框架柱底部嵌固部位。

3.2.7 柱端箍筋加密区最小配箍特征值

表 3-7　　柱端箍筋加密区最小配箍特征值 λ_v

抗震等级	箍筋形式	柱轴压比								
		≤0.30	0.40	0.50	0.60	0.70	0.80	0.90	1.00	1.05
一	普通箍、复合箍	0.10	0.11	0.13	0.15	0.17	0.20	0.23	—	—
	螺旋箍、复合或连续复合螺旋箍	0.08	0.09	0.11	0.13	0.15	0.18	0.21	—	—
二	普通箍、复合箍	0.08	0.09	0.11	0.13	0.15	0.17	0.19	0.22	0.24
	螺旋箍、复合或连续复合螺旋箍	0.06	0.07	0.09	0.11	0.13	0.15	0.17	0.20	0.22
三	普通箍、复合箍	0.06	0.07	0.09	0.11	0.13	0.15	0.17	0.20	0.22
	螺旋箍、复合或连续复合螺旋箍	0.05	0.06	0.07	0.09	0.11	0.13	0.15	0.18	0.20

注：普通箍指单个矩形箍或单个圆形箍；螺旋箍指单个连续螺旋箍筋；复合箍指由矩形、多边形、圆形箍或拉筋组成的箍筋；复合螺旋箍指由螺旋箍与矩形、多边形、圆形箍或拉筋组成的箍筋；连续复合螺旋箍指全部螺旋箍由同一根钢筋加工而成的箍筋。

3.2.8 纵向受拉钢筋搭接长度修正系数

表 3-8　　纵向受拉钢筋搭接长度修正系数 ζ

纵向搭接钢筋接头面积百分率/%	≤25	50	100
ζ	1.2	1.4	1.6

注：同一连接区段内搭接钢筋面积百分率取在同一连接区段内有搭接接头的受力钢筋与全部受力钢筋面积之比。

3.2.9 暗柱、扶壁柱纵向钢筋的构造配筋率

表 3-9　　暗柱、扶壁柱纵向钢筋的构造配筋率

设计状况	抗震设计				非抗震设计
	一级	二级	三级	四级	
配筋率/%	0.9	0.7	0.6	0.5	0.5

注：采用 400MPa、335MPa 级钢筋时，表中数值宜分别增加 0.05 和 0.10。

3.2.10 剪力墙墙肢轴压比限值

表 3-10　　剪力墙墙肢轴压比限值

抗震等级	一级（9 度）	一级（6、7、8 度）	二、三级
轴压比限值	0.4	0.5	0.6

注：墙肢轴压比是指重力荷载代表值作用下墙肢承受的轴压力设计值与墙肢的全截面面积和混凝土轴心抗压强度设计值乘积之比值。

3.2.11 剪力墙可不设约束边缘构件的最大轴压比

表 3-11　　剪力墙可不设约束边缘构件的最大轴压比

等级或烈度	一级（9 度）	一级（6、7、8 度）	二、三级
轴压比	0.1	0.2	0.3

3.2.12 剪力墙约束边缘构件沿墙肢的长度及其配箍特征值

表 3-12　　约束边缘构件沿墙肢的长度 l_c 及其配箍特征值 λ_v

项目	一级（9 度）		一级（6、7、8 度）		二、三级	
	$\mu_N \leqslant 0.2$	$\mu_N > 0.2$	$\mu_N \leqslant 0.3$	$\mu_N > 0.3$	$\mu_N \leqslant 0.4$	$\mu_N > 0.4$
l_c（暗柱）	$0.20h_w$	$0.25h_w$	$0.15h_w$	$0.20h_w$	$0.15h_w$	$0.20h_w$
l_c（翼墙或端柱）	$0.15h_w$	$0.20h_w$	$0.10h_w$	$0.15h_w$	$0.10h_w$	$0.15h_w$
λ_v	0.12	0.20	0.12	0.20	0.12	0.20

注：1. μ_N 为墙肢在重力荷载代表值作用下的轴压比，h_w 为墙肢的长度。
2. 剪力墙的翼墙长度小于翼墙厚度的 3 倍或端柱截面边长小于 2 倍墙厚时，按无翼墙、无端柱查表。
3. l_c 为约束边缘构件沿墙肢的长度（如图 3-4 所示）。对暗柱不应小于墙厚和 400mm 的较大值；有翼墙或端柱时，不应小于翼墙或端柱沿墙肢方向截面高度加 300mm。

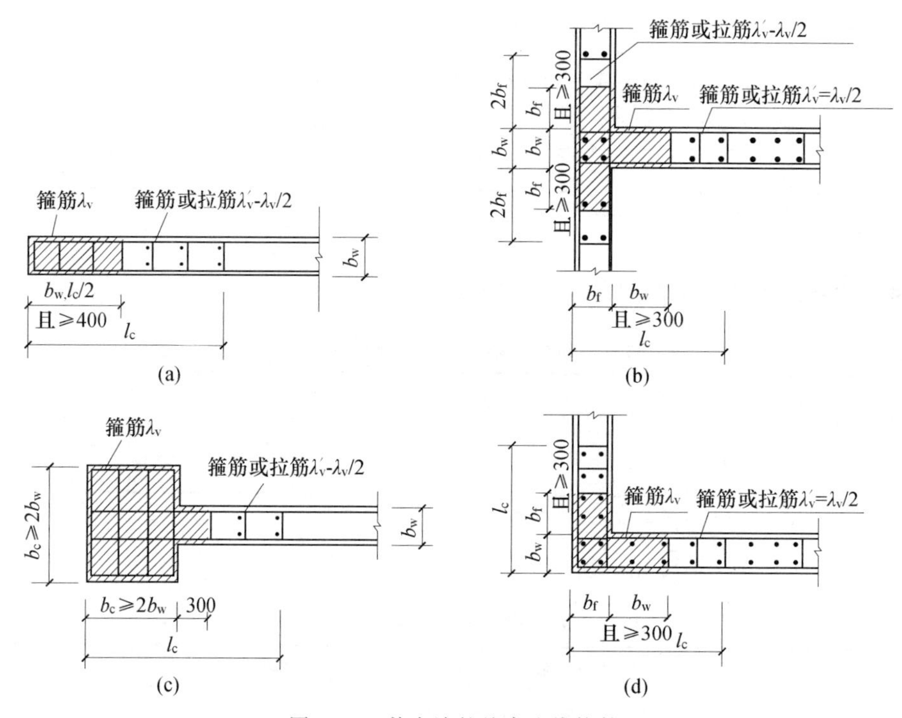

图 3－4　剪力墙的约束边缘构件

（a）暗柱；（b）有翼墙；（c）有端柱；（d）转角墙（L 形墙）

3.2.13　剪力墙构造边缘构件的最小配筋要求

表 3－13　　剪力墙构造边缘构件的最小配筋要求

抗震等级	底部加强部位		
	竖向钢筋最小量（取较大值）	箍筋	
		最小直径/mm	沿竖向最大间距/mm
一	$0.010A_c$，$6\phi16$	8	100
二	$0.008A_c$，$6\phi14$	8	150
三	$0.006A_c$，$6\phi12$	6	150
四	$0.005A_c$，$4\phi12$	6	200
抗震等级	其他部位		
	竖向钢筋最小量（取较大值）	拉筋	
		最小直径/mm	沿竖向最大间距/mm
一	$0.008A_c$，$6\phi14$	8	150
二	$0.006A_c$，$6\phi12$	8	200
三	$0.005A_c$，$6\phi12$	6	200
四	$0.004A_c$，$4\phi12$	6	250

注：1. A_c 为构造边缘构件的截面面积，即图 3－5 剪力墙截面的阴影部分。

2. 符号 ϕ 表示钢筋直径。

3. 其他部位的转角处宜采用箍筋。

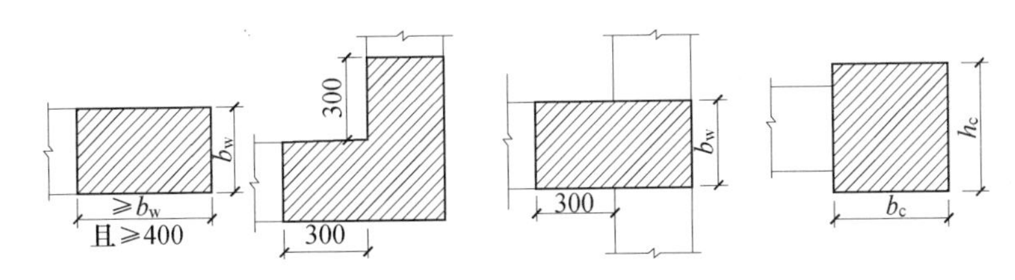

图 3-5　剪力墙的构造边缘构件范围

3.2.14　跨高比不大于 1.5 的连梁纵向钢筋的最小配筋率

表 3-14　　跨高比不大于 1.5 的连梁纵向钢筋的最小配筋率（%）

跨　高　比	最小配筋率（采用较大值）
$l/h_b \leqslant 0.5$	0.20，$45f_t/f_y$
$0.5 < l/h_b \leqslant 1.5$	0.25，$55f_t/f_y$

3.2.15　连梁纵向钢筋的最大配筋率

表 3-15　　连梁纵向钢筋的最大配筋率（%）

跨　高　比	最大配筋率
$l/h_b \leqslant 1.0$	0.6
$1.0 < l/h_b \leqslant 2.0$	1.2
$2.0 < l/h_b \leqslant 2.5$	1.5

3.2.16　剪力墙间距

表 3-16　　剪力墙间距（m）

楼盖形式	非抗震设计（取较小值）	抗震设防烈度		
		6 度、7 度（取较小值）	8 度（取较小值）	9 度（取较小值）
现浇	5.0B，60	4.0B，50	3.0B，40	2.0B，30
装配整体	3.5B，50	3.0B，40	2.5B，30	—

注：1. 表中 B 为剪力墙之间的楼盖宽度（m）。
2. 装配整体式楼盖的现浇层应符合《高层建筑混凝土结构技术规程》（JGJ 3—2010）第 3.6.2 条的有关规定。
3. 现浇层厚度大于 60mm 的叠合楼板可作为现浇板考虑。
4. 当房屋端部未布置剪力墙时，第一片剪力墙与房屋端部的距离，不宜大于表中剪力墙间距的 1/2。

3.2.17　双向无梁板厚度与长跨的最小比值

表 3-17　　双向无梁板厚度与长跨的最小比值

非预应力楼板		预应力楼板	
无柱托板	有柱托板	无柱托板	有柱托板
1/30	1/35	1/40	1/45

4

筒体结构设计

4.1 公式速查

4.1.1 外框筒梁和内筒连梁剪力设计值的计算

外框筒梁和内筒连梁的截面尺寸应符合下列规定。

(1) 持久、短暂设计状况：

$$V_b \leqslant 0.25\beta_c f_c b_b h_{b0}$$

(2) 地震设计状况。

①跨高比大于 2.5 的连梁：

$$V_b \leqslant \frac{1}{\gamma_{RE}}(0.20\beta_c f_c b_b h_{b0})$$

②跨高比不大于 2.5 的连梁：

$$V_b \leqslant \frac{1}{\gamma_{RE}}(0.15\beta_c f_c b_b h_{b0})$$

式中 V_b——外框筒梁或内筒连梁剪力设计值；

b_b——外框筒梁或内筒连梁截面宽度；

h_{b0}——外框筒梁或内筒连梁截面有效高度；

f_c——混凝土轴心抗压强度设计值；

γ_{RE}——构件承载力抗震调整系数；

β_c——混凝土强度影响系数，当混凝土强度等级不大于 C50 时取 1.0；当混凝土强度等级为 C80 时取 0.8；当混凝土强度等级在 C50 和 C80 之间时可按线性内插取用。

4.1.2 梁内交叉暗撑的总面积的计算

全部剪力应由暗撑承担，每根暗撑应由不少于 4 根钢筋组成，纵筋直径不应小于 14mm，其总面积 A_s 应按下列公式计算。

(1) 持久、短暂设计状况：

$$A_s \geqslant \frac{V_b}{2f_y \sin\alpha}$$

(2) 地震设计状况：

$$A_s \geqslant \frac{\gamma_{RE} V_b}{2f_y \sin\alpha}$$

式中 α——暗撑与水平线的夹角；

V_b——外框筒梁或内筒连梁剪力设计值；

γ_{RE}——构件承载力抗震调整系数；

f_y——普通钢筋抗拉强度设计值。

4.2 数据速查

4.2.1 筒体结构适用高度

表 4－1　　　　筒体结构适用高度（m）

房屋高度分级	A 级 高 度						B 级 高 度				
设防烈度	非抗震	6 度	7 度	8 度（0.2g）	8 度（0.5g）	9 度	非抗震	6 度	7 度	8 度（0.2g）	8 度（0.3g）
框架—核心筒	160	150	130	100	90	70	220	210	180	140	120
筒中筒	200	180	150	120	100	80	300	280	230	170	150

注：平面和竖向不规则的结构或Ⅳ类场地上的结构，最大适用高度应适当降低。

4.2.2 A 级高度框架-核心筒结构抗震等级

表 4－2　　　　A 级高度框架-核心筒结构抗震等级

建筑类别	场地类别	构件 \ 设防烈度（加速度）	6 度	7 度		8 度		9 度
			（0.05g）	（0.10g）	（0.15g）	（0.20g）	（0.30g）	（0.40g）
丙类建筑	Ⅱ类	框架	三	二	二	一	一	一
		核心筒	二	二	二	一	一	一
	Ⅲ、Ⅳ类	框架	三	二	一	一	一*	一*
		核心筒	二	二	一	一	一*	一*
乙类建筑	Ⅱ类	框架	二	一	一	一	一	特一
		核心筒	二	一	一	一	一	特一
	Ⅲ、Ⅳ类	框架	二	一	一*	特一	特一	特一
		核心筒	二	一	一*	特一	特一	特一

注：1. Ⅲ、Ⅳ类场地宜满足平面和竖向规则性要求，并加强基础结构的整体性。

2. Ⅰ类场地时，除 6 度外可按表内降低一度所对应的抗震等级采取抗震措施，但相应的计算要求不应降低。

3. 接近或等于高度分界时应结合房屋不规则程度及场地、地基条件适当确定抗震等级。

4. 一*级其抗震措施应比一级稍高，比特一级稍低。

5. 高度不超过 60m 时，其抗震等级允许按框架-剪力墙结构采用。

4.2.3 B级高度框架-核心筒结构抗震等级

表 4-3　　B级高度框架-核心筒结构抗震等级

建筑类别	场地类别	构件	6度	7度		8度	
		设防烈度（加速度）	(0.05g)	(0.10g)	(0.15g)	(0.20g)	(0.30g)
丙类建筑	Ⅱ类	框架	二	一	一	一	一
		核心筒	二	一	一	特一	特一
	Ⅲ、Ⅳ类	框架	二	一	一	一	特一
		核心筒	二	一	一*	特一	特一
乙类建筑	Ⅱ类	框架	一	一	一	特一	特一
		核心筒	一	特一	特一	特一	特一
	Ⅲ、Ⅳ类	框架	一	一	特一	特一	特一
		核心筒	一	一*	特一	特一	特一

注：1. Ⅲ、Ⅳ类场地宜满足平面和竖向规则性要求，并加强基础结构的整体性。
2. Ⅰ类场地时，除6度外可按表内降低一度所对应的抗震等级采取抗震措施，但相应的计算要求不应降低。
3. 接近或等于高度分界时应结合房屋不规则程度及场地、地基条件适当确定抗震等级。
4. 一*级其抗震措施应比一级稍高，比特一级稍低。

4.2.4 A、B级高度筒中筒结构抗震等级

表 4-4　　A、B级高度筒中筒结构抗震等级

建筑类别		场地类别	构件	6度	7度		8度		9度
			设防烈度（加速度）	(0.05g)	(0.10g)	(0.15g)	(0.20g)	(0.30g)	(0.40g)
A级高度	丙类建筑	Ⅱ类	内外筒	三	二	二	一	一	一
		Ⅲ、Ⅳ类		三	二	一	一	一	特一
	乙类建筑	Ⅱ类	内外筒	二	一	一	一	一	特一
		Ⅲ、Ⅳ类		二	一	一	一*	一*	特一
B级高度	丙类建筑	Ⅱ类	内外筒	二	一	一	特一	一*	专门研究
		Ⅲ、Ⅳ类		二	一	一*	特一	特一	
	乙类建筑	Ⅱ类	内外筒	一	一*	特一	特一	特一	专门研究
		Ⅲ、Ⅳ类		一	一*	特一	特一	特一	

注：1. Ⅲ、Ⅳ类场地宜满足平面和竖向规则性要求，并加强基础结构的整体性。
2. Ⅰ类场地时，除6度外可按表内降低一度所对应的抗震等级采取抗震措施，但相应的计算要求不应降低。
3. 接近或等于高度分界时应结合房屋不规则程度及场地、地基条件适当确定抗震等级。
4. 一*级其抗震措施应比一级稍高，比特一级稍低。

4.2.5 框筒受力性能与梁、柱截面形状的关系比较

表 4-5　　框筒受力性能与梁、柱截面形状的关系比较

柱和裙梁的截面形状和尺寸	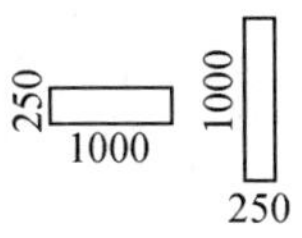 250 1000 1000 250	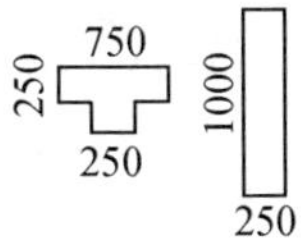 750 250 250 1000 250	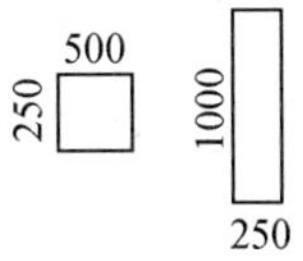 500 250 1000 250	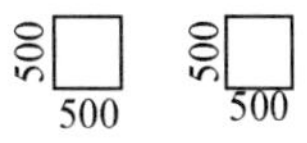 500 500 500 500
类型	1	2	3	4
开孔率/%	44	50	55	89
框筒顶水平位移	100	142	232	313
轴力比 N_1/N_2	4.3	4.9	6.0	14.1

注： N_1 为角柱轴力；N_2 为中柱轴力。N_1/N_2 越大，剪力滞后越明显，结构越难以发挥空间整体作用。

5

复杂高层建筑结构设计

5.1 公式速查

5.1.1 转换层与其相邻上层结构的等效剪切刚度比的计算

当转换层设置在1、2层时，可近似采用转换层与其相邻上层结构的等效剪切刚度比 γ_{e1} 表示转换层上、下层结构刚度的变化，γ_{e1} 宜接近1，非抗震设计时 γ_{e1} 不应小于0.4，抗震设计时 γ_{e1} 不应小于0.5。γ_{e1} 可按下列公式计算：

$$\gamma_{e1}=\frac{G_1A_1}{G_2A_2}\times\frac{h_2}{h_1}$$

$$A_i=A_{w,i}+\sum_j C_{i,j}A_{ci,j}\quad(i=1,2)$$

$$C_{i,j}=2.5\left(\frac{h_{ci,j}}{h_i}\right)^2\quad(i=1,2)$$

式中 G_1、G_2——转换层和转换层上层的混凝土剪变模量；

A_1、A_2——转换层和转换层上层的折算抗剪截面面积，可按第二个公式计算；

h_1、h_2——转换层和转换层上层的层高；

$A_{w,i}$——第 i 层全部剪力墙在计算方向的有效截面面积（不包括翼缘面积）；

$A_{ci,j}$——第 i 层第 j 根柱的截面面积；

h_i——第 i 层的层高；

$h_{ci,j}$——第 i 层第 j 根柱沿计算方向的截面高度；

$C_{i,j}$——第 i 层第 j 根柱截面面积折算系数，当计算值大于1时取1。

5.1.2 转换层下部结构与上部结构的等效侧向刚度比的计算

当转换层设置在第2层以上时，尚宜采用如图5-1所示的计算模型，按下式计算转换层下部结构与上部结构的等效侧向刚度比 γ_{e2}。γ_{e2} 宜接近1，非抗震设计时 γ_{e2} 不应小于0.5，抗震设计时 γ_{e2} 不应小于0.8。

$$\gamma_{e2}=\frac{\Delta_2 H_1}{\Delta_1 H_2}$$

式中 H_1——转换层及其下部结构（计算模型1）的高度；

Δ_1——转换层及其下部结构（计算模型1）的顶部在单位水平力作用下的侧向位移；

H_2——转换层上部若干层结构（计算模型2）的高度，其值应等于或接近计算模型1的高度 H_1，且不大于 H_1；

Δ_2——转换层上部若干层结构（计算模型2）的顶部在单位水平力作用下的侧向位移。

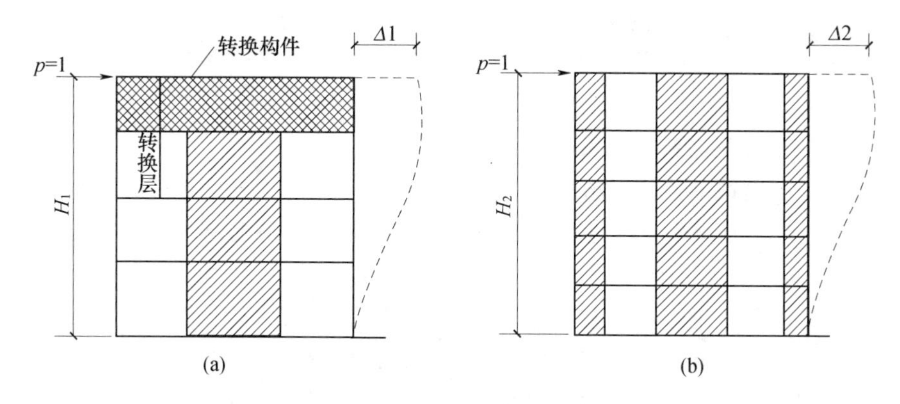

图 5－1　转换层上、下等效侧向刚度计算模型

(a) 计算模型 1——转换层及下部结构；(b) 计算模型 2——转换层上部结构

5.1.3　转换梁、转换柱截面组合剪力设计值的计算

转换梁、转换柱截面组合的剪力设计值 V 应符合下列规定。

(1) 持久、短暂设计状况：

$$V \leqslant 0.20\beta_c f_c b h_0$$

(2) 地震设计状况：

$$V \leqslant \frac{1}{\gamma_{RE}}(0.15\beta_c f_c b h_0)$$

式中　β_c——混凝土强度影响系数，当混凝土强度等级不大于 C50 时取 1.0；当混凝土强度等级为 C80 时取 0.8；当混凝土强度等级在 C50 和 C80 之间时可按线性内插取用；

f_c——混凝土轴心抗压强度设计值；

b——截面宽度；

h_0——截面有效高度；

γ_{RE}——构件承载力抗震调整系数。

5.1.4　框支梁上部一层墙体配筋的校核

框支梁上部一层墙体的配筋应按下列规定进行校核。

(1) 柱上墙体的端部竖向钢筋面积 A_s：

$$A_s = h_c b_w (\sigma_{01} - f_c) / f_y$$

式中　h_c——框支柱截面高度 (mm)；

b_w——墙肢截面厚度 (mm)；

σ_{01}——柱上墙体 h_c 范围内考虑风荷载、地震作用组合的平均压应力设计值 (N/mm^2)；

f_c——混凝土轴心抗压强度设计值；

f_y——普通钢筋抗拉强度设计值。

（2）柱边 $0.2l_n$ 宽度范围内竖向分布钢筋面积 A_{sw}：

$$A_{sw}=0.2l_nb_w(\sigma_{02}-f_c)/f_{yw}$$

式中 l_n——框支梁净跨度（mm）；

b_w——墙肢截面厚度（mm）；

σ_{02}——柱上墙体 $0.2l_n$ 范围内考虑风荷载、地震作用组合的平均压应力设计值（N/mm^2）；

f_c——混凝土轴心抗压强度设计值；

f_{yw}——剪力墙竖向分布钢筋的抗拉强度设计值。

（3）框支梁上部 $0.2l_n$ 高度范围内墙体水平分布筋面积 A_{sh}：

$$A_{sh}=0.2l_nb_w\sigma_{xmax}/f_{yh}$$

式中 l_n——框支梁净跨度（mm）；

b_w——墙肢截面厚度（mm）；

σ_{xmax}——框支梁与墙体交接面上考虑风荷载、地震作用组合的水平拉应力设计值（N/mm^2）；

f_{yh}——剪力墙水平分布钢筋的抗拉强度设计值。

5.1.5 抗震设计的矩形平面建筑框支转换层楼板的截面剪力设计值的计算

部分框支剪力墙结构中，抗震设计的矩形平面建筑框支转换层楼板，其截面剪力设计值应符合下列要求：

$$V_f\leqslant\frac{1}{\gamma_{RE}}(0.1\beta_cf_cb_ft_f)$$

$$V_f\leqslant\frac{1}{\gamma_{RE}}(f_yA_s)$$

式中 V_f——由不落地剪力墙传到落地剪力墙处按刚性楼板计算的框支层楼板组合的剪力设计值，抗震烈度 8 度时应乘以增大系数 2.0，7 度时应乘以增大系数 1.5。验算落地剪力墙时可不考虑此增大系数；

γ_{RE}——承载力抗震调整系数，可取 0.85；

β_c——混凝土强度影响系数；

f_c——混凝土轴心抗压强度设计值；

b_f、t_f——框支转换层楼板的验算截面宽度和厚度；

f_y——普通钢筋抗拉强度设计值；

A_s——穿过落地剪力墙的框支转换层楼盖（包括梁和板）的全部钢筋的截面面积。

5.1.6 斜杆桁架层受压斜腹杆轴压比的计算

受压斜腹杆的截面尺寸一般应由其轴压比 n 控制计算确定，以确保其延性，其限值见表 5－1。

受压斜腹杆轴压比：

$$n=\frac{N_{max}}{f_c A_c}$$

式中 N_{max}——受压斜腹杆最大组合轴力设计值；

f_c——受压斜腹杆混凝土抗压强度设计值；

A_c——受压斜腹杆截面的有效面积。

5.1.7 空腹桁架腹杆剪压比的计算

空腹桁架腹杆的截面尺寸一般应由其剪压比控制计算来确定，以避免脆性破坏，剪压比 μ_v 限值见表 5－2。

腹杆剪压比：

$$\mu_v=\frac{V_{max}}{f_c b h_0}$$

式中 V_{max}——空腹桁架腹杆最大组合剪力设计值；

f_c——空腹桁架腹杆混凝土抗压强度设计值；

b、h_0——空腹桁架腹杆截面宽度和有效高度。

5.2 数据速查

5.2.1 桁架受压斜腹杆的轴压比值

表 5－1　桁架受压斜腹杆的轴压比值

抗震等级	轴压比值
一级	0.7
二级	0.8
三级	0.9

5.2.2 空腹桁架腹杆剪压比限值

表 5－2　空腹桁架腹杆剪压比 μ_v 限值

混凝土强度等级	抗震等级			非抗震设计
	一级	二级	三级	
C30	0.10	0.13	0.15	0.15
C40	0.09	0.11	0.13	0.13
C50	0.08	0.10	0.11	0.14

6

混合结构设计

6.1 公式速查

6.1.1 型钢混凝土构件、钢管混凝土柱的刚度的计算

型钢混凝土构件、钢管混凝土柱的刚度可按下列公式计算：

$$EI=E_cI_c+E_aI_a$$

$$EA=E_cA_c+E_aA_a$$

$$GA=G_cA_c+G_aA_a$$

式中 E_cI_c、E_cA_c、G_cA_c——钢筋混凝土部分的截面抗弯刚度、轴向刚度及抗剪刚度；

E_aI_a、E_aA_a、G_aA_a——型钢、钢管部分的截面抗弯刚度、轴向刚度及抗剪刚度。

6.1.2 型钢混凝土柱轴压比的计算

抗震设计时，混合结构中型钢混凝土柱的轴压比不宜大于表 6-8 的限值，轴压比可按下式计算：

$$\mu_N=N/(f_cA_c+f_aA_a)$$

式中 μ_N——型钢混凝土柱的轴压比；

N——考虑地震组合的柱轴向力设计值；

A_c——扣除型钢后的混凝土截面面积；

f_c——混凝土的轴心抗压强度设计值；

f_a——型钢的抗压强度设计值；

A_a——型钢的截面面积。

6.1.3 型钢混凝土柱箍筋最小体积配箍率的计算

抗震设计时加密区箍筋最小体积配箍率 ρ_v：抗震设计时，柱箍筋的直径和间距应符合表 6-9 的规定，加密区箍筋最小体积配箍率尚应符合下式的要求，非加密区箍筋最小体积配箍率不应小于加密区箍筋最小体积配箍率的一半；对剪跨比不大于 2 的柱，其箍筋体积配箍率尚不应小于 1.0%，9 度抗震设计时尚不应小于 1.3%。

$$\rho_v\geqslant 0.85\lambda_v f_c/f_y$$

式中 f_c——混凝土的轴心抗压强度设计值；

f_y——普通钢筋抗拉强度设计值；

λ_v——柱最小配箍特征值。

6.1.4 钢管混凝土单肢柱轴向受压承载力的计算

钢管混凝土单肢柱的轴向受压承载力应满足下列公式规定。

持久、短暂设计状况：

$$N \leqslant N_u$$

地震设计状况：

$$N \leqslant N_u / \gamma_{RE}$$

$$N_u = \varphi_l \varphi_e N_0$$

$$\varphi_l \varphi_e \leqslant \varphi_0$$

式中 N——轴向压力设计值；

N_u——钢管混凝土单肢柱的轴向受压承载力设计值；

γ_{RE}——构件承载力抗震调整系数；

N_0——钢管混凝土轴心受压短柱的承载力设计值，

$$\begin{cases} \text{当 } \theta \leqslant [\theta] \text{ 时}, N_0 = 0.9 A_c f_c (1+\alpha\theta) \\ \text{当 } \theta > [\theta] \text{ 时}, N_0 = 0.9 A_c f_c (1+\sqrt{\theta}+\theta) \end{cases};$$

θ——钢管混凝土的套箍指标，$\theta = \dfrac{A_a f_a}{A_c f_c}$；

α——与混凝土强度等级有关的系数，按表 6－10 取值：

$[\theta]$——与混凝土强度等级有关的套箍指标界限值，按表 6－10 取值；

A_c——钢管内的核心混凝土横截面面积；

f_c——核心混凝土的抗压强度设计值；

A_a——钢管的横截面面积；

f_a——钢管的抗拉、抗压强度设计值；

φ_l——考虑长细比影响的承载力折减系数，

$$\begin{cases} \text{当 } L_e/D > 4 \text{ 时}, \varphi_l = 1 - 0.115\sqrt{L_e/D - 4}; \\ \text{当 } L_e/D \leqslant 4 \text{ 时}, \varphi_l = 1; \end{cases}$$

L_e——柱的等效计算长度，$L_e = \mu k L$；

D——钢管的外直径；

μ——考虑柱端约束条件的计算长度系数，根据梁柱刚度的比值，按现行国家标准《钢结构设计规范》(GB 50017—2003) 确定；

k——考虑柱身弯矩分布梯度影响的等效长度系数。轴心受压柱和杆件［图 6－1 (a)］，$k=1$；无侧移框架柱［图 6－1 (b)、(c)］，$k = 0.5 + 0.3\beta + 0.2\beta^2$；有侧移框架柱［图 6－1 (d)］和悬臂柱［图 6－1 (e)、(f)］，

$$\begin{cases} \text{当 } e_0/r_c \leqslant 0.8 \text{ 时}, k = 1 - 0.625 e_0/r_c \\ \text{当 } e_0/r_c > 0.8 \text{ 时}, k = 0.5 \qquad \text{取上、下两式较大值;} \\ \text{当自由端有力矩 } M_1 \text{ 作用时}, k = (1+\beta_1)/2 \end{cases}$$

β——柱两端弯矩设计值之绝对值较小者 M_1 与绝对值较大者 M_2 的比值，单曲压弯时 β 取正值，双曲压弯时 β 取负值；

β_1——悬臂柱自由端弯矩设计值 M_1 与嵌固端弯矩设计值 M_2 的比值，当 β_1 为负值，即双曲压弯时，则按反弯点所分割成的高度为 L_2 的子悬臂柱计算［图 6－1（f）］；

L——柱的实际长度；

φ_e——考虑偏心率影响的承载力折减系数，

$$\begin{cases} 当\ e_0/r_c \leqslant 1.55\ 时，\varphi_e = \dfrac{1}{1+1.85\dfrac{e_0}{r_c}} \\ 当\ e_0/r_c > 1.55\ 时，\varphi_e = \dfrac{0.3}{\dfrac{e_0}{r_c}-0.4} \end{cases}$$

式中　e_0——柱端轴向压力偏心距之较大者，$e_0 = \dfrac{M_2}{N}$；

r_c——核心混凝土横截面的半径；

M_2——柱端弯矩设计值的较大者；

φ_0——按轴心受压柱考虑的 φ_l 值。

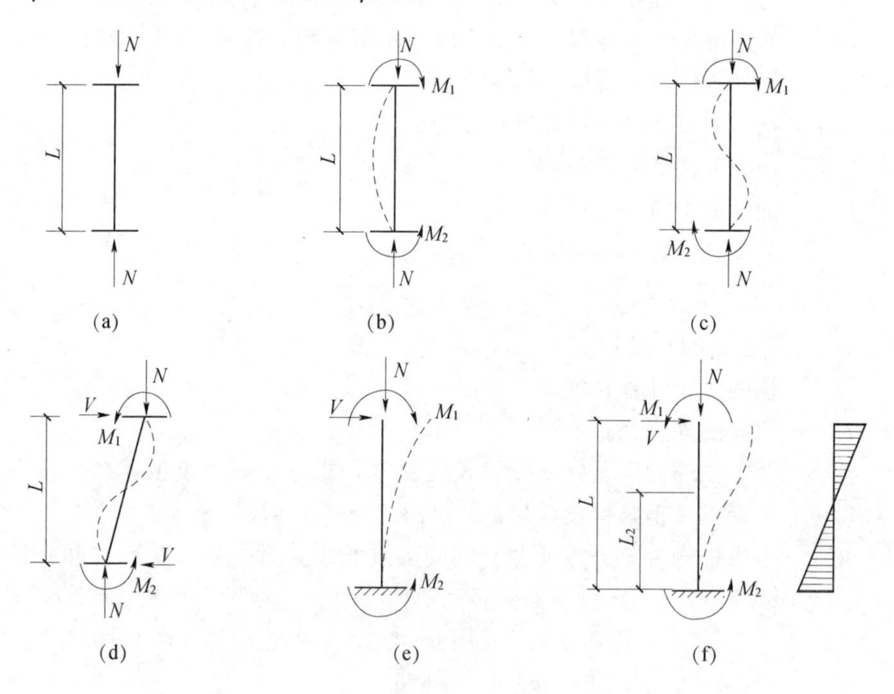

图 6－1　框架柱及悬臂柱计算简图

（a）轴心受压；（b）无侧移单曲压弯；（c）无侧移双曲压弯；（d）有侧移双曲压弯；（e）单曲压弯；（f）双曲压弯

6.1.5　钢管混凝土单肢柱横向受剪承载力设计值的计算

钢管混凝土单肢柱的横向受剪承载力设计值应按下列公式计算：

$$V_u=(V_0+0.1N')\left(1-0.45\sqrt{\frac{a}{D}}\right)$$

$$V_0=0.2A_c f_c(1+3\theta)$$

式中　V_u——钢筋混凝土单肢柱的横向受剪承载力设计值；

V_0——钢管混凝土单肢柱受纯剪时的承载力设计值；

N'——与横向剪力设计值 V 对应的轴向力设计值；

a——剪跨，即横向集中荷载作用点至支座或节点边缘的距离；

D——钢管的外直径；

A_c——钢管内的核心混凝土横截面面积；

f_c——核心混凝土的抗压强度设计值；

θ——钢管混凝土的套箍指标，$\theta=\frac{A_a f_a}{A_c f_c}$；

A_a——钢管的横截面面积；

f_a——钢管的抗拉、抗压强度设计值。

6.1.6　钢管混凝土局部受压承载力的计算

钢管混凝土的局部受压应符合下式规定：

$$N_l\leqslant N_{ul}$$

式中　N_l——局部作用的轴向压力设计值；

N_{ul}——钢管混凝土柱的局部受压承载力设计值，

{▲钢管混凝土柱在中央部位受压时
■钢管混凝土柱在其组合界面附近受压时

▲　钢管混凝土柱在中央部位受压时（图 6－2），局部受压承载力设计值应按下式计算：

$$N_{ul}=N_0\sqrt{\frac{A_l}{A_c}}$$

式中　N_0——局部受压段的钢管混凝土短柱轴心受压承载力设计值，

$$\begin{cases}\text{当 } \theta\leqslant[\theta]\text{ 时}, N_0=0.9A_c f_c(1+\alpha\theta); \\ \text{当 } \theta>[\theta]\text{ 时}, N_0=0.9A_c f_c(1+\sqrt{\theta}+\theta);\end{cases}$$

θ——钢管混凝土的套箍指标，$\theta=\frac{A_a f_a}{A_c f_c}$；

α——与混凝土强度等级有关的系数，按表 6－10 取值：

$[\theta]$——与混凝土强度等级有关的套箍指标界限值，按表 6－10 取值；

A_c——钢管内的核心混凝土横截面面积；

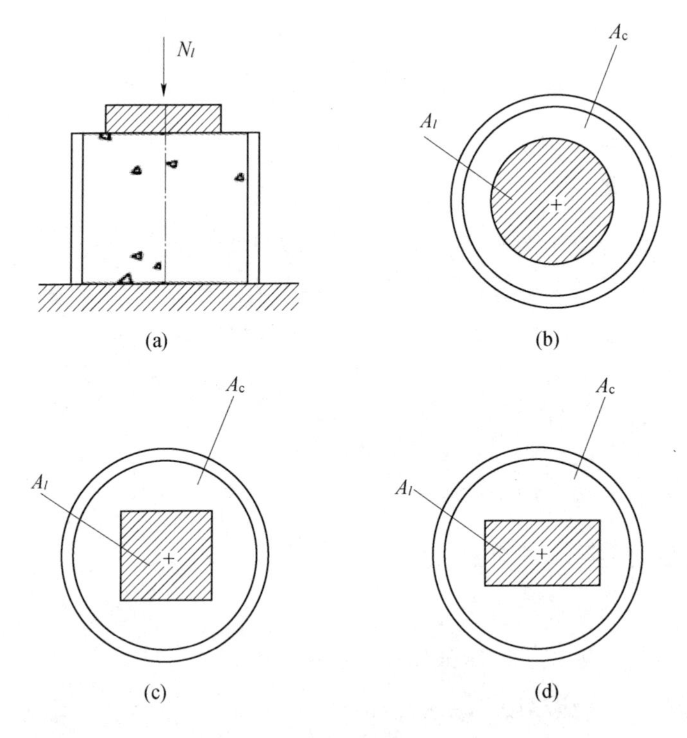

图 6－2　中央部位局部受压

f_c——核心混凝土的抗压强度设计值；

A_a——钢管的横截面面积；

f_a——钢管的抗拉、抗压强度设计值；

A_l——局部受压面积。

■　钢管混凝土柱在其组合界面附近受压时（如图 6－3 所示），局部受压承载力设计值应按下列公式计算：

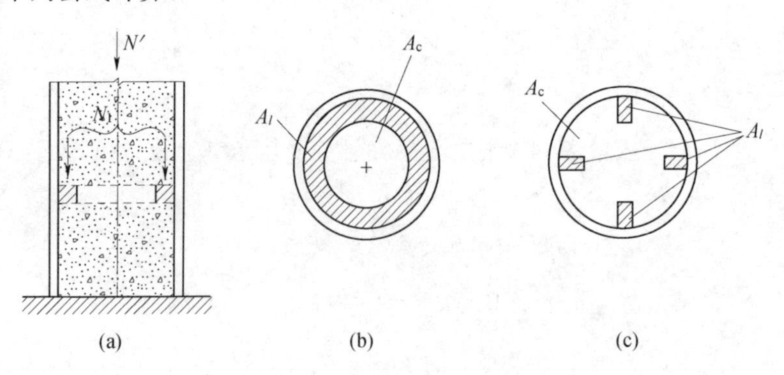

图 6－3　组合界面附近局部受压

当 $A_l/A_c \geqslant 1/3$ 时：

$$N_{ul}=(N_0-N')\omega\sqrt{\frac{A_l}{A_c}}$$

当 $A_l/A_c<1/3$ 时：

$$N_{ul}=(N_0-N')\omega\sqrt{3}\frac{A_l}{A_c}$$

式中 N_0——局部受压段的钢管混凝土短柱轴心受压承载力设计值，

$$\begin{cases}\text{当 }\theta\leqslant[\theta]\text{时},N_0=0.9A_c f_c(1+\alpha\theta)\\ \text{当 }\theta>[\theta]\text{时},N_0=0.9A_c f_c(1+\sqrt{\theta}+\theta)\end{cases};$$

θ——钢管混凝土的套箍指标，$\theta=\dfrac{A_a f_a}{A_c f_c}$；

α——与混凝土强度等级有关的系数，按表 6-10 取值：

$[\theta]$——与混凝土强度等级有关的套箍指标界限值，按表 6-10 取值；

A_c——钢管内的核心混凝土横截面面积；

f_c——核心混凝土的抗压强度设计值；

A_a——钢管的横截面面积；

f_a——钢管的抗拉、抗压强度设计值；

A_l——局部受压面积；

N'——非局部作用的轴向压力设计值；

ω——考虑局压应力分布状况的系数，当局压应力为均匀分布时取 1.00；当局压应力为非均匀分布（如与钢管内壁焊接的柔性抗剪连接件等）时取 0.75。

6.1.7 钢板混凝土剪力墙的受剪承载力设计值的计算

钢板混凝土剪力墙的受剪截面应符合下列规定。

(1) 持久、短暂设计状况：

$$V_{cw}\leqslant 0.25 f_c b_w h_{w0}$$

$$V_{cw}=V-\left(\frac{0.3}{\lambda}f_a A_{a1}+\frac{0.6}{\lambda-0.5}f_{sp}A_{sp}\right)$$

(2) 地震设计状况。

剪跨比 λ 大于 2.5 时：

$$V_{cw}\leqslant\frac{1}{\gamma_{RE}}(0.20 f_c b_w h_{w0})$$

剪跨比 λ 不大于 2.5 时：

$$V_{cw}\leqslant\frac{1}{\gamma_{RE}}(0.15 f_c b_w h_{w0})$$

$$V_{cw}=V-\frac{1}{\gamma_{RE}}\left(\frac{0.25}{\lambda}f_a A_{a1}+\frac{0.5}{\lambda-0.5}f_{sp}A_{sp}\right)$$

式中 V_{cw}——仅考虑钢筋混凝土截面承担的剪力设计值；

V——钢板混凝土剪力墙截面承受的剪力设计值；

λ——计算截面的剪跨比，当 $\lambda<1.5$ 时，取 $\lambda=1.5$，当 $\lambda>2.2$ 时，取 $\lambda=2.2$；当计算截面与墙底之间的距离小于 $0.5h_{w0}$ 时，λ 应按距离墙底 $0.5h_{w0}$ 处的弯矩值与剪力值计算；

f_a——剪力墙端部暗柱中所配型钢的抗压强度设计值；

A_{a1}——剪力墙一端所配型钢的截面面积，当两端所配型钢截面面积不同时，取较小一端的面积；

f_{sp}——剪力墙墙身所配钢板的抗压强度设计值；

A_{sp}——剪力墙墙身所配钢板的横截面面积；

γ_{RE}——构件承载力抗震调整系数；

f_c——混凝土轴心抗压强度设计值；

b_w——剪力墙截面宽度；

h_{w0}——剪力墙截面有效高度。

6.1.8 钢板混凝土剪力墙偏心受压时斜截面的受剪承载力设计值的计算

钢板混凝土剪力墙偏心受压时的斜截面受剪承载力，应按下列公式进行验算。

（1）持久、短暂设计状况：

$$V\leqslant\frac{1}{\lambda-0.5}\left(0.5f_tb_wh_{w0}+0.13N\frac{A_w}{A}\right)+f_{yv}\frac{A_{sh}}{s}h_{w0}+\frac{0.3}{\lambda}f_aA_{a1}+\frac{0.6}{\lambda-0.5}f_{sp}A_{sp}$$

（2）地震设计状况：

$$V\leqslant\frac{1}{\gamma_{RE}}\left[\frac{1}{\lambda-0.5}\left(0.4f_tb_wh_{w0}+0.1N\frac{A_w}{A}\right)+0.8f_{yv}\frac{A_{sh}}{s}h_{w0}+\frac{0.25}{\lambda}f_aA_{a1}+\frac{0.5}{\lambda-0.5}f_{sp}A_{sp}\right]$$

式中 V——钢板混凝土剪力墙截面承受的剪力设计值；

λ——计算截面的剪跨比，当 $\lambda<1.5$ 时，取 $\lambda=1.5$，当 $\lambda>2.2$ 时，取 $\lambda=2.2$；当计算截面与墙底之间的距离小于 $0.5h_{w0}$ 时，λ 应按距离墙底 $0.5h_{w0}$ 处的弯矩值与剪力值计算；

f_t——混凝土轴心抗拉强度设计值；

b_w——剪力墙截面宽度；

h_{w0}——剪力墙截面有效高度；

N——剪力墙承受的轴向压力设计值，当大于 $0.2f_cb_wh_w$ 时，取为 $0.2f_cb_wh_w$；

A_w——T形、I形截面剪力墙腹板的面积；

A——剪力墙截面面积；

f_{yv}——横向钢筋的抗拉强度设计值；

A_{sh}——剪力墙水平分布钢筋的全部截面面积；

s——箍筋间距；

f_{a}——剪力墙端部暗柱中所配型钢的抗压强度设计值；

A_{a1}——剪力墙一端所配型钢的截面面积，当两端所配型钢截面面积不同时，取较小一端的面积；

f_{sp}——剪力墙墙身所配钢板的抗压强度设计值；

A_{sp}——剪力墙墙身所配钢板的横截面面积；

γ_{RE}——构件承载力抗震调整系数。

6.1.9 型钢混凝土剪力墙、钢板混凝土剪力墙墙肢轴压比的计算

型钢混凝土剪力墙、钢板混凝土剪力墙墙肢轴压比 μ_N 计算公式如下：

$$\mu_N = N/(f_c A_c + f_a A_a + f_{sp} A_{sp})$$

式中 N——重力荷载代表值作用下墙肢的轴向压力设计值；

f_c——混凝土轴心抗压强度设计值；

A_c——剪力墙墙肢混凝土截面面积；

f_a——剪力墙端部暗柱中所配型钢的抗压强度设计值；

A_a——剪力墙所配型钢的全部截面面积；

f_{sp}——剪力墙墙身所配钢板的抗压强度设计值；

A_{sp}——剪力墙墙身所配钢板的横截面面积。

6.2 数据速查

6.2.1 混合结构高层建筑适用的最大高度

表 6-1　混合结构高层建筑适用的最大高度（m）

结构体系		非抗震设计	抗震设防烈度				
			6 度	7 度	8 度		9 度
					0.2g	0.3g	
框架一核心筒	钢框架-钢筋混凝土核心筒	210	200	160	120	100	70
	型钢（钢管）混凝土框架钢筋混凝土核心筒	240	220	190	150	130	70
筒中筒	钢框架-钢筋混凝土核心筒	280	260	210	160	140	80
	型钢（钢管）混凝土框架钢筋混凝土核心筒	300	280	230	170	150	80

注：平面和竖向均不规则的结构，最大适用高度应适当降低。

6.2.2 混合结构高层建筑适用的最大高宽比

表 6－2　　混合结构高层建筑适用的最大高宽比

结构体系	非抗震设计	抗震设防烈度		
		6度、7度	8度	9度
框架-核心筒	8	7	6	4
筒中筒	8	8	7	5

6.2.3 钢-混凝土混合结构抗震等级

表 6－3　　钢-混凝土混合结构抗震等级

结构类型		抗震设防烈度						
		6度		7度		8度		9度
房屋高度/m		≤150	>150	≤130	>130	≤100	>100	≤70
钢框架-钢筋混凝土核心筒	钢筋混凝土核心筒	二	一	一	特一	一	特一	特一
型钢（钢管）混凝土框架-钢筋混凝土核心筒	钢筋混凝土核心筒	二	二	二	一	一	特一	特一
	型钢（钢管）混凝土框架	三	二	二	一	一	一	一
房屋高度/m		≤180	>180	≤150	>150	≤120	>120	≤90
钢外筒-钢筋混凝土核心筒	钢筋混凝土核心筒	二	一	一	特一	一	特一	特一
型钢（钢管）混凝土外筒-钢筋混凝土核心筒	钢筋混凝土核心筒	二	二	二	一	一	特一	特一
	型钢（钢管）混凝土外筒	三	二	二	一	一	一	一

注：钢结构构件抗震等级，抗震设防烈度为6、7、8、9度时应分别取四、三、二、一级。

6.2.4 型钢（钢管）混凝土构件承载力抗震调整系数

表 6－4　　型钢（钢管）混凝土构件承载力抗震调整系数 γ_{RE}

正截面承载力计算				斜截面承载力计算
型钢混凝土梁	型钢混凝土柱及钢管混凝土柱	剪力墙	支撑	各类构件及节点
0.75	0.80	0.85	0.80	0.85

6.2.5 钢构件承载力抗震调整系数

表 6－5　　钢构件承载力抗震调整系数 γ_{RE}

强度破坏（梁，柱，支撑，节点板件，螺栓，焊缝）	屈曲稳定（柱，支撑）
0.75	0.80

6.2.6 型钢板件宽厚比限值

表 6－6　　　　型钢板件宽厚比限值

钢　号	梁		柱		
			H、十、T 形截面		箱形截面
	b/t_f	h_w/t_w	b/t_f	h_w/t_w	h_w/t_w
Q235	23	107	23	96	72
Q345	19	91	19	81	61
Q390	18	83	18	75	56

注：表中符号见下图。

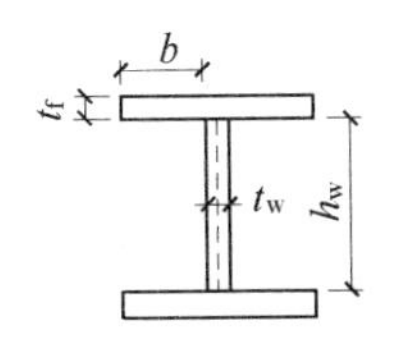

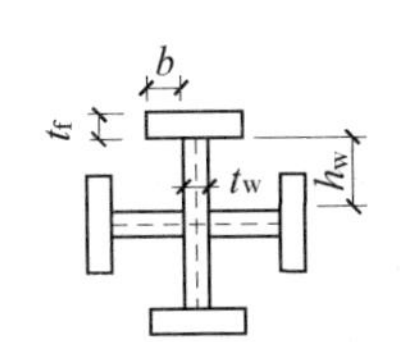

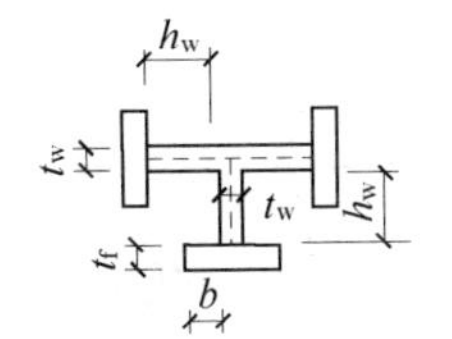

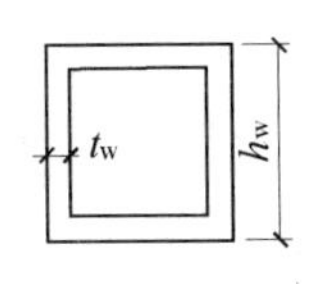

型钢板件示意

6.2.7 型钢混凝土梁箍筋直径和间距

表 6－7　　　　型钢混凝土梁箍筋直径和间距（mm）

抗　震　等　级	箍　筋　直　径	非加密区箍筋间距	加密区箍筋间距
一	≥12	≤180	≤120
二	≥10	≤200	≤150
三	≥10	≤250	≤180
四	≥8	250	200

6.2.8 型钢混凝土柱的轴压比限值

表 6－8　　　　型钢混凝土柱的轴压比限值

抗　震　等　级	一	二	三
轴压比限值	0.70	0.80	0.90

注：1. 转换柱的轴压比应比表中数值减少 0.10 采用。
2. 剪跨比不大于 2 的柱，其轴压比应比表中数值减少 0.05 采用。
3. 当采用 C60 以上混凝土时，轴压比宜减少 0.05。

6.2.9 型钢混凝土柱箍筋直径和间距

表 6-9　　型钢混凝土柱箍筋直径和间距 (mm)

抗震等级	箍筋直径	非加密区箍筋间距	加密区箍筋间距
一	≥12	≤150	≤100
二	≥10	≤200	≤100
三、四	≥8	≤200	≤150

注：箍筋直径除应符合表中要求外，尚不应小于纵向钢筋直径的 1/4。

6.2.10 与混凝土强度等级有关的系数、套箍指标界限值

表 6-10　　系数 α、[θ] 取值

混凝土等级	≤C50	C55～C80
α	2.00	1.80
[θ]	1.00	1.56

6.2.11 矩形钢管混凝土柱轴压比限值

表 6-11　　矩形钢管混凝土柱轴压比限值

一　级	二　级	三　级
0.70	0.80	0.90

7

高层建筑基础设计

7.1 公式速查

7.1.1 基础底面压力的计算

基础底面的压力，可按下列公式确定。

（1）当轴心荷载作用时：

$$p_k \leqslant f_a$$

$$p_k = \frac{F_k + G_k}{A}$$

式中 p_k——相应于作用的标准组合时，基础底面处的平均压力值（kPa）；

f_a——修正后的地基承载力特征值（kPa）；

F_k——相应于作用的标准组合时，上部结构传至基础顶面的竖向力值（kN）；

G_k——基础自重和基础上的土重（kN）；

A——基础底面面积（m^2）。

（2）当偏心荷载作用时：

$$p_{kmax} \leqslant 1.2 f_a$$

$$p_{kmax} = \frac{F_k + G_k}{A} + \frac{M_k}{W}$$

$$p_{kmin} = \frac{F_k + G_k}{A} - \frac{M_k}{W}$$

式中 p_{kmax}——相应于作用的标准组合时，基础底面边缘的最大压力值（kPa）；

f_a——修正后的地基承载力特征值（kPa）；

F_k——相应于作用的标准组合时，上部结构传至基础顶面的竖向力值（kN）；

G_k——基础自重和基础上的土重（kN）；

A——基础底面面积（m^2）；

M_k——相应于作用的标准组合时，作用于基础底面的力矩值（kN·m）；

W——基础底面的抵抗矩（m^3）。

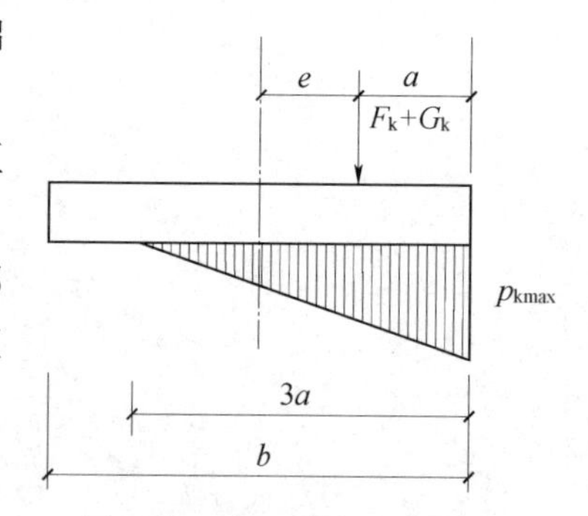

图 7-1 偏心荷载（$e>b/6$）下基底压力计算示意图

b—力矩作用方向基础底面边长

（3）当基础底面形状为矩形且偏心距 $e>b/6$ 时（图 7-1），p_{kmax}应按下式计算：

$$p_{kmax} = \frac{2(F_k + G_k)}{3la}$$

式中 p_{kmax}——相应于作用的标准组合时，基础底面边缘的最大压力值（kPa）；

F_k——相应于作用的标准组合时，上部结构传至基础顶面的竖向力值（kN）；

G_k——基础自重和基础上的土重（kN）；

l——垂直于力矩作用方向的基础底面边长（m）；

a——合力作用点至基础底面最大压力边缘的距离（m）。

7.1.2 地基抗震承载力计算

地基抗震承载力应按下式计算：

$$f_{aE}=\xi_a f_a$$

$$f_a=f_{ak}+\eta_b\gamma(b-3)+\eta_d\gamma_m(d-0.5)$$

式中 f_{aE}——调整后的地基抗震承载力；

ξ_a——地基抗震承载力调整系数，应按表7-1采用；

f_a——深宽修正后的地基承载力特征值；

f_{ak}——地基承载力特征值（kPa）；

η_b、η_d——基础宽度和埋置深度的地基承载力修正系数，按基底下土的类别查表7-2取值；

γ——基础底面以下土的重度（kN/m^2），地下水位以下取浮重度；

b——基础底面宽度（m），当基础底面宽度小于3m时按3m取值，大于6m时按6m取值；

γ_m——基础底面以上土的加权平均重度（kN/m^3），位于地下水位以下的土层取有效重度；

d——基础埋置深度（m），宜自室外地面标高算起；在填方整平地区，可自填土地面标高算起，但填土在上部结构施工后完成时，应从天然地面标高算起。对于地下室，当采用箱形基础或筏基时，基础埋置深度自室外地面标高算起；当采用独立基础或条形基础时，应从室内地面标高算起。

7.1.3 地基最终变形量的计算

计算地基变形时，地基内的应力分布，可采用各向同性均质线性变形体理论。其最终变形量可按下式进行计算：

$$s=\psi_s s'=\psi_s\sum_{i=1}^{n}\frac{p_0}{E_{si}}(z_i\bar{\alpha}_i-z_{i-1}\bar{\alpha}_{i-1})$$

式中 s——地基最终变形量（mm）；

s'——按分层总和法计算出的地基变形量（mm）；

ψ_s——沉降计算经验系数，根据地区沉降观测资料及经验确定，无地区经验时可根据变形计算深度范围内压缩模量的当量值（$\bar{E}_s$）、基底附加压力按表7-3取值；

n——地基变形计算深度范围内所划分的土层数（如图 7－2 所示）；

p_0——相应于作用的准永久组合时基础底面处的附加压力（kPa）；

E_{si}——基础底面下第 i 层土的压缩模量（MPa），应取土的自重压力至土的自重压力与附加压力之和的压力段计算；

z_i、z_{i-1}——基础底面至第 i 层土、第 $i-1$ 层土底面的距离（m）；

$\overline{\alpha}_i$、$\overline{\alpha}_{i-1}$——基础底面计算点至第 i 层土、第 $i-1$ 层土底面范围内平均附加应力系数，可按表 7－4～表 7－8 采用。

7.1.4 地基变形深度的计算

地基变形计算深度 z_n（如图 7－2 所示），应符合下式的规定。当计算深度下部仍有较软土层时，应继续计算。

$$\Delta s'_n \leqslant 0.025 \sum_{i=1}^{n} \Delta s'_i$$

式中 $\Delta s'_i$——在计算深度范围内，第 i 层土的计算变形值（mm）；

$\Delta s'_n$——在由计算深度向上取厚度为 Δz 的土层计算变形值（mm），Δz 如图 7－2 所示并按表 7－9 确定。

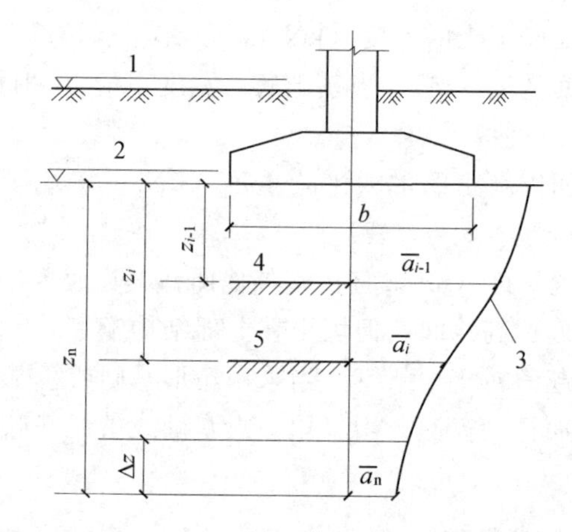

图 7－2 基础沉降计算的分层示意图

1——天然地面标高；2——基底标高；3——平均附加应力系数 $\overline{\alpha}$ 曲线；4——$i-1$ 层；5—i 层

7.1.5 箱形和筏形基础的最终变形量的计算

当采用土的变形模量时，箱形和筏形基础的最终变形量 s 可按下式计算：

$$s = p_k b \eta \sum_{i=1}^{n} \frac{\delta_i - \delta_{i-1}}{E_{0i}}$$

式中 p_k——相应于长期效应组合下的基础底面处的平均压力标准值（kPa）；

b——基础底面宽度（m）；

η——沉降计算修正系数，见下表；

$m=\frac{2z_n}{b}$	$0<m\leqslant 0.5$	$0.5<m\leqslant 1$	$1<m\leqslant 2$	$2<m\leqslant 3$	$3<m\leqslant 5$	$5<m\leqslant\infty$
η	1.00	0.95	0.90	0.80	0.75	0.70

注： 表中沉降计算深度 z_n 按下式计算：

$$z_n=(z_m+\xi b)\beta$$

式中　z_m——与基础长宽比有关的经验值（m），可按下表确定

L/b	$\leqslant 1$	2	3	4	$\geqslant 5$
z_m	11.6	12.4	12.5	12.7	13.2
ξ	0.42	0.49	0.53	0.60	1.00

ξ——折减系数，可按上表确定；

β——调整系数，碎石取 0.30；砂土取 0.50；粉土取 0.60；黏性土取 0.75；软土取 1.00。

δ_i、δ_{i-1}——与基础长宽比 L/b 及基础底面至第 i 层土和第 $i-1$ 层土底面的距离深度 z 有关的无因次系数，见表 7－10；

E_{0i}——基础底面下第 i 层土的变形模量（MPa），通过试验或按地区经验确定。

7.1.6　地基土回弹变形量的计算

当建筑物地下室基础埋置较深时，地基土的回弹变形量可按下式进行计算：

$$s_c=\psi_c\sum_{i=1}^{n}\frac{p_c}{E_{ci}}(z_i\bar{\alpha}_i-z_{i-1}\bar{\alpha}_{i-1})$$

式中　s_c——地基的回弹变形量（mm）；

ψ_c——回弹量计算的经验系数，无地区经验时可取 1.0；

p_c——基坑底面以上土的自重压力（kPa），地下水位以下应扣除浮力；

E_{ci}——土的回弹模量（kPa），按现行国家标准《土工试验方法标准（2007 年版）》（GB/T 50123—1999）中土的固结试验回弹曲线的不同应力段计算；

z_i、z_{i-1}——基础底面至第 i 层土、第 $i-1$ 层土底面的距离（m）；

$\bar{\alpha}_i$、$\bar{\alpha}_{i-1}$——基础底面计算点至第 i 层土、第 $i-1$ 层土底面范围内平均附加应力系数，可按表 7－4～表 7－8 采用。

7.1.7　柱下独立基础受冲切承载力的计算

柱下独立基础的受冲切承载力应按下列公式验算：

$$F_l\leqslant 0.7\beta_{hp}f_t a_m h_0$$

$$a_m=(a_t+a_b)/2$$

$$F_l=p_j A_l$$

式中　β_{hp}——受冲切承载力截面高度影响系数，当 h 不大于 800mm 时，β_{hp} 取 1.0；当 h 大于或等于 2000mm 时，β_{hp} 取 0.9，其间按线性内插法取用；

f_t——混凝土轴心抗拉强度设计值（kPa）；

h_0——基础冲切破坏锥体的有效高度（m）；

a_m——冲切破坏锥体最不利一侧计算长度（m）；

a_t——冲切破坏锥体最不利一侧斜截面的上边长（m），当计算柱与基础交接处的受冲切承载力时，取柱宽；当计算基础变阶处的受冲切承载力时，取上阶宽；

a_b——冲切破坏锥体最不利一侧斜截面在基础底面积范围内的下边长（m），当冲切破坏锥体的底面落在基础底面以内［图 7－3（a）、（b）］，计算柱与基础交接处的受冲切承载力时，取柱宽加两倍基础有效高度；当计算基础变阶处的受冲切承载力时，取上阶宽加两倍该处的基础有效高度；

p_j——扣除基础自重及其上土重后相应于作用的基本组合时的地基土单位面积净反力（kPa），对偏心受压基础可取基础边缘处最大地基土单位面积净反力；

A_l——冲切验算时取用的部分基底面积（m^2）［图 7－3（a）、（b）］中的阴影面积 $ABCDEF$；

F_l——相应于作用的基本组合时作用在 A_l 上的地基土净反力设计值（kPa）。

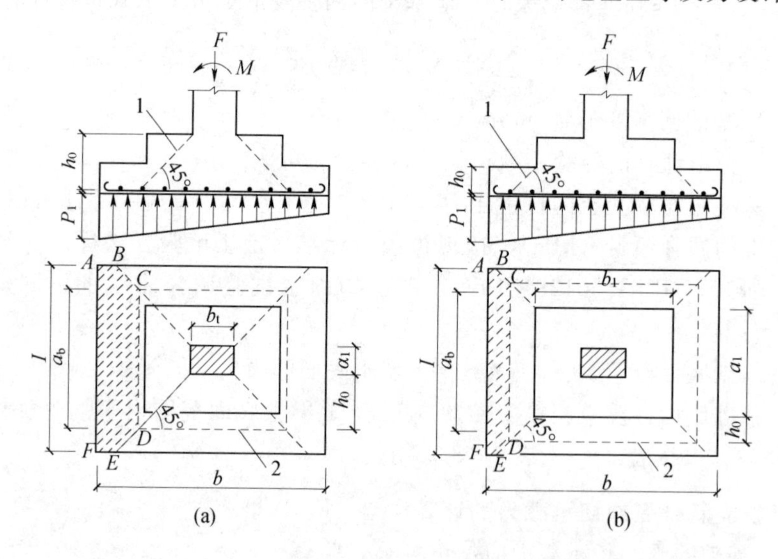

图 7－3　计算阶形基础的受冲切承载力截面位置

（a）柱与基础交接处；（b）基础变阶处

1——冲切破坏锥体最不利一侧的斜截面；2——冲切破坏锥体的底面线

7.1.8　柱与基础交接处截面受剪承载力的验算

当基础底面短边尺寸小于或等于柱宽加两倍基础有效高度时，应按下列公式验算柱与基础交接处截面受剪承载力：

$$V_s \leqslant 0.7\beta_{hs} f_t A_0$$

$$\beta_{hs} = (800/h_0)^{1/4}$$

式中 V_s——相应于作用的基本组合时，柱与基础交接处的剪力设计值（kN），图 7－4 中的阴影面积乘以基底平均净反力；

β_{hs}——受剪切承载力截面高度影响系数，当 $h_0 < 800\text{mm}$ 时，取 $h_0 = 800\text{mm}$；当 $h_0 > 2000\text{mm}$ 时，取 $h_0 = 2000\text{mm}$；

f_t——混凝土轴心抗拉强度设计值（kPa）；

h_0——基础冲切破坏锥体的有效高度（m）；

A_0——验算截面处基础的有效截面面积（m^2）。当验算截面为阶形或锥形时，可将其截面折算成矩形截面，截面的折算宽度和截面的有效高度按《建筑地基基础设计规范》（GB 50007—2011）附录 U 计算。

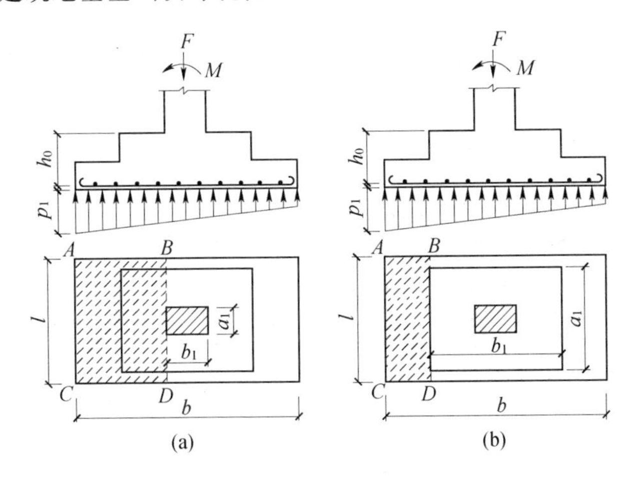

图 7－4 验算阶形基础受剪切承载力示意图

（a）柱与基础交接处；（b）基础变阶处

7.1.9 柱下矩形独立基础任意截面的底板弯矩设计值的计算

在轴心荷载或单向偏心荷载作用下，当台阶的宽高比小于或等于 2.5 且偏心距小于或等于 1/6 基础宽度时，柱下矩形独立基础任意截面的底板弯矩可按下列简化方法进行计算（如图 7－5 所示）：

$$M_{\mathrm{I}} = \frac{1}{12} a_1^2 \left[(2l + a') \left(p_{\max} + p - \frac{2G}{A} \right) + (p_{\max} - p) l \right]$$

$$M_{\mathrm{II}} = \frac{1}{48} (l - a')^2 (2b + b') \left(p_{\max} + p_{\min} - \frac{2G}{A} \right)$$

式中 M_{I}、M_{II}——相应于作用的基本组合时，任意截面Ⅰ－Ⅰ、Ⅱ－Ⅱ处的弯矩设计值（kN·m）；

a_1——任意截面Ⅰ—Ⅰ至基底边缘最大反力处的距离（m）；

l、b——基础底面的边长（m）；

a'、b'——导轨架截面的长、宽（m）；

p_{max}、p_{min}——相应于作用的基本组合时的基础底面边缘最大和最小地基反力设计值（kPa）；

p——相应于作用的基本组合时在任意截面Ⅰ—Ⅰ处基础底面地基反力设计值（kPa）；

G——考虑作用分项系数的基础自重及其上的土自重（kN）；当组合值由永久作用控制时，作用分项系数可取1.35；

A——基础底面面积（m^2）。

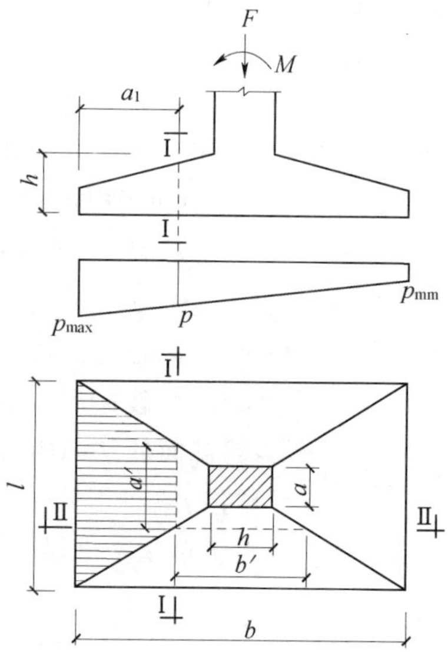

图7－5　矩形基础底板的计算示意图

7.1.10　高层建筑筏形基础偏心距的计算

筏形基础的平面尺寸，应根据工程地质条件、上部结构的布置、地下结构底层平面以及荷载分布等因素按《建筑地基基础设计规范》（GB 50007—2011）第5章有关规定确定。对单幢建筑物，在地基土比较均匀的条件下，基底平面形心宜与结构竖向永久荷载重心重合。当不能重合时，在作用的准永久组合下，偏心距 e 宜符合下式规定：

$$e \leqslant 0.1W/A$$

式中　W——与偏心距方向一致的基础底面边缘抵抗矩（m^3）；

A——基础底面积（m^2）。

7.1.11　平板式筏基柱下冲切验算

平板式筏基柱下冲切验算时应考虑作用在冲切临界截面重心上的不平衡弯矩产生的附加剪力。对基础边柱和角柱冲切验算时，其冲切力应分别乘以1.1和1.2的增大系数。距柱边 $h_0/2$ 处冲切临界截面的最大剪应力 τ_{max} 应按下式进行计算（如图7－6所示）：（板的最小厚度不应小于500mm）

$$\tau_{max}=\frac{F_l}{u_m h_0}+\alpha_s\frac{M_{unb}c_{AB}}{I_s}$$

$$\tau_{max} \leqslant 0.7(0.4+1.2/\beta_s)\beta_{hp}f_t$$

$$\alpha_s=1-\frac{1}{1+\frac{2}{3}\sqrt{\left(\frac{c_1}{c_2}\right)}}$$

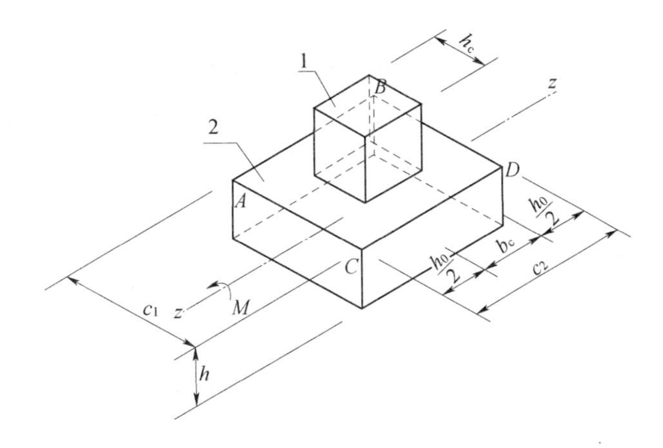

图 7-6　内柱冲切临界截面示意图

1——筏板；2——柱

式中　F_l——相应于作用的基本组合时的冲切力（kN），对内柱取轴力设计值减去筏板冲切破坏锥体内的基底净反力设计值；对边柱和角柱，取轴力设计值减去筏板冲切临界截面范围内的基底净反力设计值；

h_0——筏板的有效高度（m）；

M_{unb}——作用在冲切临界截面重心上的不平衡弯矩设计值（kN·m）；

β_s——柱截面长边与短边的比值，当 $\beta_s<2$ 时，β_s 取 2，当 $\beta_s>4$ 时，β_s 取 4；

β_{hp}——受冲切承载力截面高度影响系数，当 $h\leqslant800$mm 时，取 $\beta_{hp}=1.0$；当 $h\geqslant2000$mm 时，取 $\beta_{hp}=0.9$，其间按线性内插法取值；

f_t——混凝土轴心抗拉强度设计值（kPa）；

α_s——不平衡弯矩通过冲切临界截面上的偏心剪力来传递的分配系数；

u_m——距柱边缘不小于 $h_0/2$ 处冲切临界截面的最小周长（m）{ ▲内柱；■边柱；★角柱；

c_{AB}——沿弯矩作用方向，冲切临界截面重心至冲切临界截面最大剪应力点的距离（m）{ ▲内柱；■边柱；★角柱；

I_s——冲切临界截面对其重心的极惯性矩（m^4）{ ▲内柱；■边柱；★角柱；

c_1——与弯矩作用方向一致的冲切临界截面的边长（m）{ ▲内柱；■边柱；★角柱；

c_2——垂直于 c_1 的冲切临界截面的边长（m）{▲内柱；■边柱；★角柱。}

▲ 对于内柱，应按下列公式进行计算（如图 7-7 所示）：

$$u_m = 2c_1 + 2c_2$$

$$I_s = \frac{c_1 h_0^3}{6} + \frac{c_1^3 h_0}{6} + \frac{c_2 h_0 c_1^2}{2}$$

$$c_1 = h_c + h_0$$

$$c_2 = b_c + h_0$$

$$c_{AB} = \frac{c_1}{2}$$

式中 h_c——与弯矩作用方向一致的柱截面的边长（m）；

h_0——筏板的有效高度（m）；

b_c——垂直于 h_c 的柱截面边长（m）。

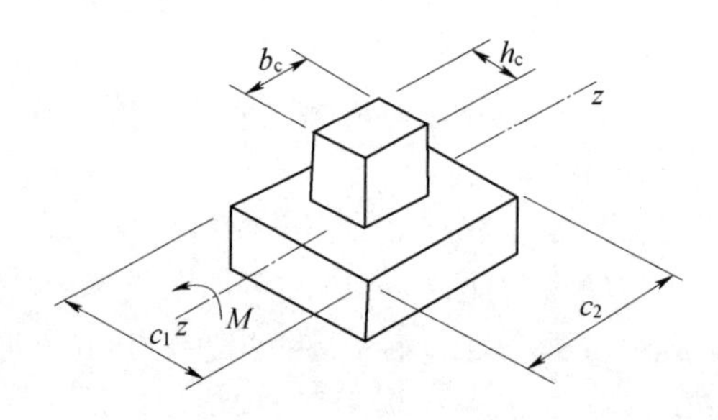

图 7-7 内柱冲切临界截面（边长）

■ 对于边柱，应按下式进行计算（如图 7-8 所示）：（下列公式适用于柱外侧齐筏板边缘的边柱。对外伸式筏板，边柱柱下筏板冲切临界截面的计算模式应根据边柱外侧筏板的悬挑长度和柱子的边长确定。当边柱外侧的悬挑长度小于或等于（$h_0+0.5b_c$）时，冲切临界截面可计算至垂直于自由边的板端，计算 c_1 及 I_s 值时应计及边柱外侧的悬挑长度；当边柱外侧筏板的悬挑长度大于（$h_0+0.5b_c$）时，边柱柱下筏板冲切临界截面的计算模式同内柱。）

$$u_m = 2c_1 + c_2$$

$$I_s = \frac{c_1 h_0^3}{6} + \frac{c_1^3 h_0}{6} + 2h_0 c_1 \left(\frac{c_1}{2} - \overline{X}\right)^2 + c_2 h_0 \overline{X}^2$$

$$c_1 = h_c + \frac{h_0}{2}$$

$$c_2 = b_c + h_0$$

$$c_{AB} = c_1 - \overline{X}$$

$$\overline{X}=\frac{c_1^2}{2c_1+c_2}$$

式中　h_c——与弯矩作用方向一致的柱截面的边长（m）；

h_0——筏板的有效高度（m）；

b_c——垂直于 h_c 的柱截面边长（m）；

$\overline{X}$——冲切临界截面重心位置（m）。

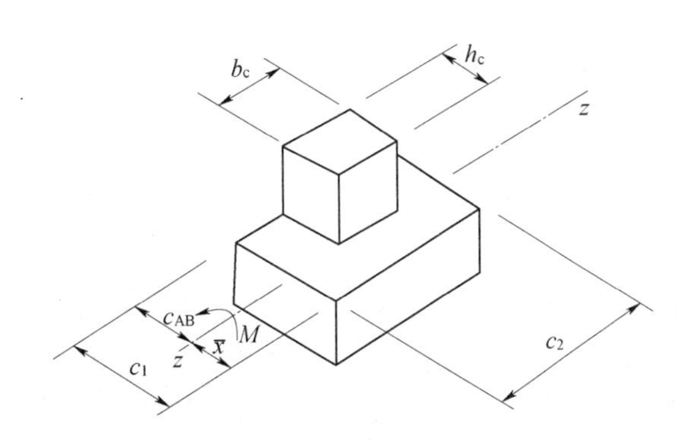

图 7－8　边柱冲切临界截面示意图

★　对于角柱，应按下式进行计算（如图 7－9 所示）：（下列公式适用于柱两相邻外侧齐筏板边缘的角柱。对外伸式筏板，角柱柱下筏板冲切临界截面的计算模式应根据角柱外侧筏板的悬挑长度和柱子的边长确定。当角柱两相邻外侧筏板的悬挑长度分别小于或等于（$h_0+0.5b_c$）和（$h_0+0.5h_c$）时，冲切临界截面可计算至垂直于自由边的板端，计算 c_1、c_2 及 I_s 值应计及角柱外侧筏板的悬挑长度；当角柱两相邻外侧筏板的悬挑长度大于（$h_0+0.5b_c$）和（$h_0+0.5h_c$）时，角柱柱下筏板冲切临界截面的计算模式同内柱。）

$$u_m=c_1+c_2$$

$$I_s=\frac{c_1h_0^3}{12}+\frac{c_1^3h_0}{12}+c_1h_0\left(\frac{c_1}{2}-\overline{X}\right)^2+c_2h_0\overline{X}^2$$

$$c_1=h_c+\frac{h_0}{2}$$

$$c_2=b_c+\frac{h_0}{2}$$

$$c_{AB}=c_1-\overline{X}$$

$$\overline{X}=\frac{c_1^2}{2c_1+2c_2}$$

式中　h_c——与弯矩作用方向一致的柱截面的边长（m）；

h_0——筏板的有效高度（m）；

b_c——垂直于 h_c 的柱截面边长（m）；

$\overline{X}$——冲切临界截面重心位置（m）。

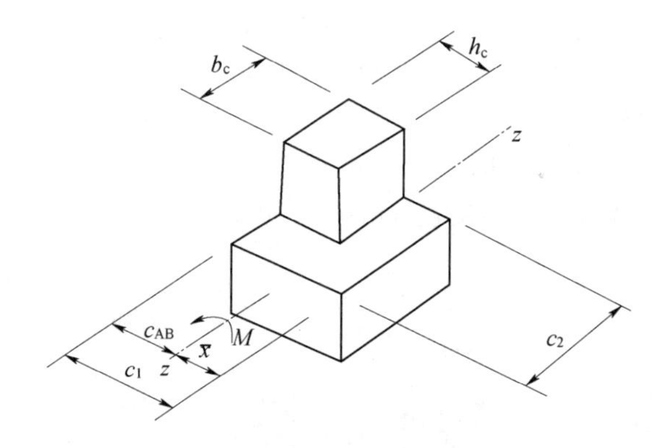

图 7－9　角柱冲切临界截面示意图

7.1.12　柱、墙、核心筒群桩中基桩或复合基桩的桩顶作用效应计算

对于一般建筑物和受水平力（包括力矩与水平剪力）较小的高层建筑群桩基础，应按下列公式计算柱、墙、核心筒群桩中基桩或复合基桩的桩顶作用效应。

1. 竖向力

轴心竖向力作用下：

$$N_k=\frac{F_k+G_k}{n}$$

式中　F_k——荷载效应标准组合下，作用于承台顶面的竖向力；

G_k——桩基承台和承台上土自重标准值，对稳定的地下水位以下部分应扣除水的浮力；

N_k——荷载效应标准组合轴心竖向力作用下，基桩或复合基桩的平均竖向力；

n——桩基中的桩数。

偏心竖向力作用下：

$$N_{ik}=\frac{F_k+G_k}{n}\pm\frac{M_{xk}y_i}{\sum y_j^2}\pm\frac{M_{yk}x_i}{\sum x_j^2}$$

式中　F_k——荷载效应标准组合下，作用于承台顶面的竖向力；

G_k——桩基承台和承台上土自重标准值，对稳定的地下水位以下部分应扣除水的浮力；

M_{xk}、M_{yk}——荷载效应标准组合下，作用于承台底面，绕通过桩群形心的 x、y 主轴的力矩；

x_i、x_j、y_i、y_j——第 i、j 基桩或复合基桩至 y、x 轴的距离；

n——桩基中的桩数；

N_{ik}——荷载效应标准组合偏心竖向力作用下，第 i 基桩或复合基桩的竖向力。

2. 水平力

$$H_{ik}=\frac{H_k}{n}$$

式中 H_k——荷载效应标准组合下，作用于桩基承台底面的水平力；

H_{ik}——荷载效应标准组合下，作用于第 i 基桩或复合基桩的水平力；

n——桩基中的桩数。

7.1.13 桩基竖向承载力的计算

桩基竖向承载力计算应符合下列要求。

1. 荷载效应标准组合

轴心竖向力作用下：

$$N_k \leqslant R$$

式中 N_k——荷载效应标准组合轴心竖向力作用下，基桩或复合基桩的平均竖向力；

R——基桩或复合基桩竖向承载力特征值。

偏心竖向力作用下，除满足上式外，尚应满足下式的要求：

$$N_{kmax} \leqslant 1.2R$$

式中 N_{kmax}——荷载效应标准组合偏心竖向力作用下，桩顶最大竖向力；

R——基桩或复合基桩竖向承载力特征值。

2. 地震作用效应和荷载效应标准组合

轴心竖向力作用下：

$$N_{Ek} \leqslant 1.25R$$

式中 N_{Ek}——地震作用效应和荷载效应标准组合下，基桩或复合基桩的平均竖向力；

R——基桩或复合基桩竖向承载力特征值。

偏心竖向力作用下，除满足上式外，尚应满足下式的要求：

$$N_{Ekmax} \leqslant 1.5R$$

式中 N_{Ekmax}——地震作用效应和荷载效应标准组合下，基桩或复合基桩的最大竖向力；

R——基桩或复合基桩竖向承载力特征值。

7.1.14 单桩竖向承载力特征值的计算

单桩竖向承载力特征值 R_a 应按下式确定。

$$R_a=\frac{1}{K}Q_{uk}$$

式中 Q_{uk}——单桩竖向极限承载力标准值；

K——安全系数，取 $K=2$。

7.1.15 考虑承台效应的复合基桩竖向承载力特征值的计算

考虑承台效应的复合基桩竖向承载力特征值 R 可按下列公式确定。

不考虑地震作用时：

$$R=R_a+\eta_c f_{ak} A_c$$

式中 η_c——承台效应系数，可按表 7-11 取值；

R_a——单桩竖向承载力特征值；

f_{ak}——承台下 1/2 承台宽度且不超过 5m 深度范围内各层土的地基承载力特征值按厚度加权的平均值；

A_c——计算基桩所对应的承台底净面积。

考虑地震作用时：

$$R=R_a+\frac{\zeta_a}{1.25}\eta_c f_{ak} A_c$$

$$A_c=(A-nA_{ps})/n$$

式中 η_c——承台效应系数，可按表 7-11 取值；

R_a——单桩竖向承载力特征值；

f_{ak}——承台下 1/2 承台宽度且不超过 5m 深度范围内各层土的地基承载力特征值按厚度加权的平均值；

A_c——计算基桩所对应的承台底净面积；

A_{ps}——桩身截面面积；

A——承台计算域面积对于柱下独立桩基，A 为承台总面积；对于桩筏基础，A 为柱、墙筏板的 1/2 跨距和悬臂边 2.5 倍筏板厚度所围成的面积；桩集中布置于单片墙下的桩筏基础，取墙两边各 1/2 跨距围成的面积，按条形承台计算 η_c；

n——桩基中的桩数；

ζ_a——地基抗震承载力调整系数，应按现行国家标准《建筑抗震设计规范》（GB 50011—2010）采用。

7.1.16 根据单桥探头静力触探资料确定混凝土预制桩单桩竖向极限承载力标准值

当根据单桥探头静力触探资料确定混凝土预制桩单桩竖向极限承载力标准值 Q_{uk}时，如无当地经验，可按下式计算：

$$Q_{uk}=Q_{sk}+Q_{pk}=u\sum q_{sik} l_i+\alpha p_{sk} A_p$$

式中 Q_{sk}、Q_{pk}——总极限侧阻力标准值和总极限端阻力标准值；

u——桩身周长；

q_{sik}——用静力触探比贯入阻力值估算的桩周第 i 层土的极限侧阻力；

l_i——桩周第 i 层土的厚度；

α——桩端阻力修正系数，可按表 7-12 取值；

A_p——桩端面积；

p_{sk}——桩端附近的静力触探比贯入阻力标准值（平均值）。

▲ 当 $p_{sk1} \leqslant p_{sk2}$ 时

$$p_{sk}=\frac{1}{2}(p_{sk1}+\beta p_{sk2})$$

式中 p_{sk1}——桩端全截面以上 8 倍桩径范围内的比贯入阻力平均值；

p_{sk2}——桩端全截面以下 4 倍桩径范围内的比贯入阻力平均值，如桩端持力层为密实的砂土层，其比贯入阻力平均值超过 20MPa 时，则需乘以下表中系数 C 予以折减后，再计算 p_{sk}；

p_{sk}/MPa	20～30	35	>40
系数 C	5/6	2/3	1/2

注：本表可内插取值。

β——折减系数，按下表选用。

p_{sk2}/p_{sk1}	≤5	7.5	12.5	≥15
β	1	5/6	2/3	1/2

注：本表可内插取值。

■ 当 $p_{sk1}>p_{sk2}$ 时

$$p_{sk}=p_{sk2}$$

式中 p_{sk2}——桩端全截面以下 4 倍桩径范围内的比贯入阻力平均值，如桩端持力层为密实的砂土层，其比贯入阻力平均值超过 20MPa 时，则需乘以下表中系数 C 予以折减后，再计算 p_{sk}。

p_{sk}/MPa	20～30	35	>40
系数 C	5/6	2/3	1/2

注：本表可内插取值。

7.1.17 根据双桥探头静力触探资料确定混凝土预制桩单桩竖向极限承载力标准值

当根据双桥探头静力触探资料确定混凝土预制桩单桩竖向极限承载力标准值 Q_{uk} 时，对于黏性土、粉土和砂土，如无当地经验时可按下式计算：

$$Q_{uk}=Q_{sk}+Q_{pk}=u\sum l_i\beta_i f_{si}+\alpha q_c A_p$$

式中 Q_{sk}、Q_{pk}——总极限侧阻力标准值和总极限端阻力标准值；

u——桩身周长；

l_i——桩周第 i 层土的厚度；

f_{si}——第 i 层土的探头平均侧阻力（kPa）；

q_c——桩端平面上、下探头阻力，取桩端平面以上 $4d$（d 为桩的直径或边长）范围内按土层厚度的探头阻力加权平均值（kPa），然后再和桩端平面以下 $1d$ 范围内的探头阻力进行平均；

α——桩端阻力修正系数，对于黏性土、粉土取 2/3，饱和砂土取 1/2；

A_p——桩端面积；

β_i——第 i 层土桩侧阻力综合修正系数，黏性土、粉土：$\beta_i = 10.01(f_{si})^{-0.55}$；砂土：$\beta_i = 5.05(f_{si})^{-0.45}$。

注：双桥探头的圆锥底面积为 15cm²，锥角 60°，摩擦套筒高 21.85cm，侧面积 300cm²。

7.1.18　根据土的物理指标与承载力参数之间的经验关系确定单桩竖向极限承载力标准值

当根据土的物理指标与承载力参数之间的经验关系确定单桩竖向极限承载力标准值 Q_{uk} 时，宜按下式估算：

$$Q_{uk} = Q_{sk} + Q_{pk} = u\sum q_{sik} l_i + q_{pk} A_p$$

式中　Q_{sk}、Q_{pk}——总极限侧阻力标准值和总极限端阻力标准值；

u——桩身周长；

l_i——桩周第 i 层土的厚度；

A_p——桩端面积；

q_{sik}——桩侧第 i 层土的极限侧阻力标准值，如无当地经验时，可按表 7-13 取值；

q_{pk}——极限端阻力标准值，如无当地经验时，可按表 7-14 取值。

7.1.19　根据土的物理指标与承载力参数之间的经验关系确定大直径单桩极限承载力标准值

根据土的物理指标与承载力参数之间的经验关系，确定大直径桩单桩极限承载力标准值 Q_{uk} 时，可按下式计算：

$$Q_{uk} = Q_{sk} + Q_{pk} = u\sum \psi_{si} q_{sik} l_i + \psi_p q_{pk} A_p$$

式中　Q_{sk}、Q_{pk}——总极限侧阻力标准值和总极限端阻力标准值；

u——桩身周长，当人工挖孔桩桩周护壁为振捣密实的混凝土时，桩身周长可按护壁外直径计算；

q_{sik}——桩侧第 i 层土极限侧阻力标准值，如无当地经验值时，可按表 7-13 取值，对于扩底桩斜面及变截面以上 $2d$ 长度范围不计侧阻力；

q_{pk}——桩径为 800mm 的极限端阻力标准值，对于干作业挖孔（清底干净）可采用深层载荷板试验确定；当不能进行深层载荷板试验时，可按表 7-15 取值；

ψ_{si}、ψ_p——大直径桩侧阻力、端阻力尺寸效应系数，按表 7-16 取值。

7.1.20　根据土的物理指标与承载力参数之间的经验关系确定钢管桩单桩竖向极限承载力标准值

当根据土的物理指标与承载力参数之间的经验关系确定钢管桩单桩竖向极限承载力标准值 Q_{uk} 时，可按下列公式计算：

$$Q_{uk}=Q_{sk}+Q_{pk}=u\sum q_{sik}l_i+\lambda_p q_{pk}A_p$$

式中　Q_{sk}、Q_{pk}——总极限侧阻力标准值和总极限端阻力标准值；

q_{sik}、q_{pk}——按表 7-13、表 7-14 取与混凝土预制桩相同值；

u——桩身周长，当人工挖孔桩桩周护壁为振捣密实的混凝土时，桩身周长可按护壁外直径计算；

l_i——桩周第 i 层土的厚度；

A_p——桩端面积；

λ_p——桩端土塞效应系数，对于闭口钢管桩 $\lambda_p=1$，对于敞口钢管桩按下式取值：$\begin{cases}\blacktriangle 当 h_b/d<5 时\\ \blacksquare 当 h_b/d\geqslant 5 时\end{cases}$

▲　当 $h_b/d<5$ 时

$$\lambda_p=0.16h_b/d$$

■　当 $h_b/d\geqslant 5$ 时

$$\lambda_p=0.8$$

式中　h_b——桩端进入持力层深度；

d——钢管桩外径。

对于带隔板的半敞口钢管桩，应以等效直径 d_e 代替 d 确定 λ_p；$d_e=d/\sqrt{n}$；其中 n 为桩端隔板分割数（如图 7-10 所示）。

图 7-10　隔板分割

7.1.21　根据土的物理指标与承载力参数之间的经验关系确定敞口预应力混凝土空心桩单桩竖向极限承载力标准值

当根据土的物理指标与承载力参数之间的经验关系确定敞口预应力混凝土空心桩单桩竖向极限承载力标准值 Q_{uk} 时，可按下列公式计算：

$$Q_{uk}=Q_{sk}+Q_{pk}=u\sum q_{sik}l_i+q_{pk}(A_j+\lambda_p A_{p1})$$

式中　Q_{sk}、Q_{pk}——总极限侧阻力标准值和总极限端阻力标准值；

q_{sik}、q_{pk}——按表 7-13、表 7-14 取与混凝土预制桩相同值；

u——桩身周长，当人工挖孔桩桩周护壁为振捣密实的混凝土时，桩身周长可按护壁外直径计算；

l_i——桩周第 i 层土的厚度；

A_j——空心桩桩端净面积：管桩：$A_j=\frac{\pi}{4}(d^2-d_1^2)$；空心方桩：$A_j=b^2-\frac{\pi}{4}d_1^2$；

A_{p1}——空心桩敞口面积：$A_{p1}=\frac{\pi}{4}d_1^2$；

d、b——空心桩外径、边长；

d_1——空心桩内径；

λ_p——桩端土塞效应系数$\begin{cases}\blacktriangle 当 h_b/d_1<5 时\\ \blacksquare 当 h_b/d_1\geqslant 5 时\end{cases}$。

▲　当 $h_b/d_1<5$ 时

$$\lambda_p=0.16h_b/d_1$$

式中　h_b——桩端进入持力层深度；

d_1——空心桩内径。

■　当 $h_b/d_1\geqslant 5$ 时

$$\lambda_p=0.8$$

式中　h_b——桩端进入持力层深度；

d_1——空心桩内径。

7.1.22　根据岩石单轴抗压强度确定单桩竖向极限承载力标准值

桩端置于完整、较完整基岩的嵌岩桩单桩竖向极限承载力，由桩周土总极限侧阻力和嵌岩段总极限阻力组成。当根据岩石单轴抗压强度确定单桩竖向极限承载力标准值 Q_{uk} 时，可按下列公式计算：

$$Q_{uk}=Q_{sk}+Q_{rk}=u\sum q_{sik}l_i+\zeta_r f_{rk}A_p$$

式中　Q_{sk}、Q_{rk}——土的总极限侧阻力标准值、嵌岩段总极限阻力标准值；

u——桩身周长，当人工挖孔桩桩周护壁为振捣密实的混凝土时，桩身周长可按护壁外直径计算；

q_{sik}——桩周第 i 层土的极限侧阻力，无当地经验时，可根据成桩工艺按表 7 - 13 取值；

l_i——桩周第 i 层土的厚度；

f_{rk}——岩石饱和单轴抗压强度标准值，黏土岩取天然湿度单轴抗压强度标准值；

A_p——桩端面积；

ζ_r——桩嵌岩段侧阻和端阻综合系数，与嵌岩深径比 h_r/d、岩石软硬程度和成桩工艺有关，可按表 7 - 17 采用；表中数值适用于泥浆护壁成桩，对于干作业成桩（清底干净）和泥浆护壁成桩后注浆，ζ_r 应取表列数值的 1.2 倍。

7.1.23 后注浆灌注桩单桩极限承载力标准值的计算

后注浆灌注桩的单桩极限承载力，应通过静载试验确定。在符合《建筑桩基技术规范》(JGJ 94—2008) 第 6.7 节后注浆技术实施规定的条件下，其后注浆单桩极限承载力标准值 Q_{uk}可按下式估算：

$$Q_{uk}=Q_{sk}+Q_{gsk}+Q_{gpk}=u\sum q_{sjk}l_j+u\sum\beta_{si}q_{sik}l_{gi}+\beta_p q_{pk}A_p$$

式中 Q_{sk}——后注浆非竖向增强段的总极限侧阻力标准值；

Q_{gsk}——后注浆竖向增强段的总极限侧阻力标准值；

Q_{gpk}——后注浆总极限端阻力标准值；

u——桩身周长；

l_j——后注浆非竖向增强段第 j 层土厚度；

l_{gi}——后注浆竖向增强段内第 i 层土厚度，对于泥浆护壁成孔灌注桩，当为单一桩端后注浆时，竖向增强段为桩端以上 12m；当为桩端、桩侧复式注浆时，竖向增强段为桩端以上 12m 及各桩侧注浆断面以上 12m，重叠部分应扣除；对于干作业灌注桩，竖向增强段为桩端以上、桩侧注浆断面上下各 6m；

q_{sik}、q_{sjk}、q_{pk}——后注浆竖向增强段第 i 土层初始极限侧阻力标准值、非竖向增强段第 j 土层初始极限侧阻力标准值、初始极限端阻力标准值；

A_p——桩端面积；

β_{si}、β_p——后注浆侧阻力、端阻力增强系数，无当地经验时，可按表 7－18 取值。对于桩径大于 800mm 的桩，应按表 7－16 进行侧阻和端阻尺寸效应修正。

7.1.24 箱形基础底板截面有效厚度的计算

箱形基础的底板厚度应根据实际受力情况、整体刚度及防水要求，底板厚度不应小于 400mm，且板厚与最大双向板格的短边净跨之比不应小于 1/14。底板除应满足正截面受弯承载力的要求外，尚应满足受冲切承载力的要求（如图 7－11 所示）。当底板区格为矩形双向板时，底板的截面有效高度 h_0 应符合下式规定：

$$h_0\geqslant\frac{(l_{n1}+l_{n2})-\sqrt{(l_{n1}+l_{n2})^2-\dfrac{4p_n l_{n1}l_{n2}}{p_n+0.7\beta_{hp}f_t}}}{4}$$

式中 l_{n1}、l_{n2}——计算板格的短边和长边的净长度（m）；

p_n——扣除底板及其上填土自重后，相应于荷载效应基本组合的基底平均净反力设计值（kPa）；地基基底反力系数应按表 7－19 选用；

β_{hp}——受冲切承载力截面高度影响系数，当 $h\leqslant800$mm 时，取 $\beta_{hp}=1.0$；

当 $h \geqslant 2000$mm 时，取 $\beta_{hp}=0.9$；其间按线性内插法取值；

f_t——混凝土轴心抗拉强度设计值（kPa）。

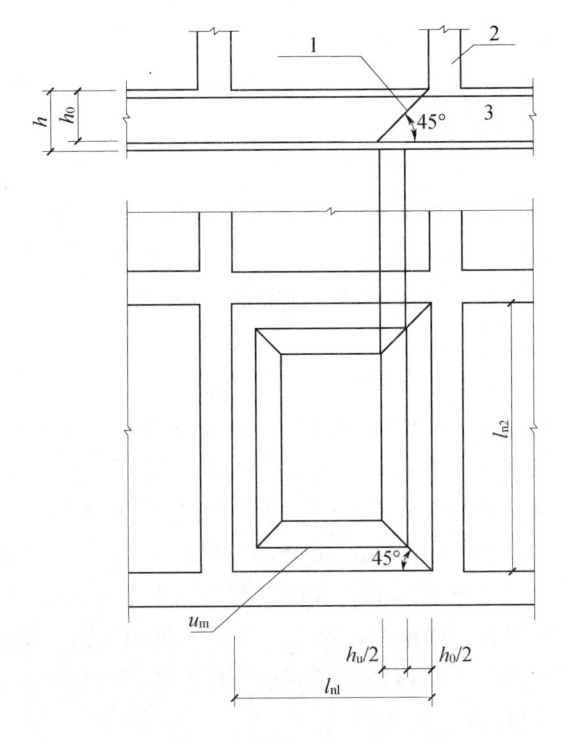

图 7－11　底板的冲切计算示意图

1——冲切破坏锥体的斜截面；2——墙；3——底板

7.2　数据速查

7.2.1　地基抗震承载力调整系数

表 7－1　　　　　　　　地基抗震承载力调整系数 ξ_a

岩土名称和性状	ξ_a
岩石，密实的碎石土，密实的砾、粗、中砂，$f_{ak} \geqslant 300$ 的黏性土和粉土	1.5
中密、稍密的碎石土，中密和稍密的砾、粗、中砂，密实和中密的细、粉砂，150kPa$\leqslant f_{ak}<$300kPa 的黏性土和粉土，坚硬黄土	1.3
稍密的细、粉砂，100kPa$\leqslant f_{ak}<$150kPa 的黏性土和粉土，可塑黄土	1.1
淤泥，淤泥质土，松散的砂，杂填土，新近堆积黄土及流塑黄土	1.0

7.2.2 基础宽度和埋置深度的地基承载力修正系数

表 7-2　　基础宽度和埋置深度的承载力修正系数 η_b、η_d

土的类别		η_b	η_d
淤泥和淤泥质土		0	1.0
人工填土 e 或 I_L 大于等于 0.85 的黏性土		0	1.0
红黏土	含水比 $\alpha_w>0.8$	0	1.2
	含水比 $\alpha_w\leqslant 0.8$	0.15	1.4
大面积压实填土	压实系数大于 0.95、黏粒含量 $\rho_c\geqslant 10\%$的粉土	0	1.5
	最大干密度大于 2100kg/m^3 的级配砂石	0	2.0
粉土	黏粒含量 $\rho_c\geqslant 10\%$的粉土	0.3	1.5
	黏粒含量 $\rho_c<10\%$的粉土	0.5	2.0
e 及 I_L 均小于 0.85 的黏性土		0.3	1.6
粉砂、细砂（不包括很湿与饱和时的稍密状态）		2.0	3.0
中砂、粗砂、砾砂和碎石土		3.0	4.4

注：1. 强风化和全风化的岩石，可参照所风化成的相应土类取值，其他状态下的岩石不修正。
2. 地基承载力特征值按《建筑地基基础设计规范》（GB 50007—2011）附录 D 深层平板载荷试验确定时，η_d 取 0。
3. 含水比是指土的天然含水量与液限的比值。
4. 大面积压实填土是指填土范围大于两倍基础宽度的填土。

7.2.3 沉降计算经验系数

表 7-3　　沉降计算经验系数 ψ_s

$\overline{E}_s$/MPa 基底附加压力	2.5	4.0	7.0	15.0	20.0
$p_0\geqslant f_{ak}$	1.4	1.3	1.0	0.4	0.2
$p_0\leqslant 0.75f_{ak}$	1.1	1.0	0.7	0.4	0.2

7.2.4 矩形面积上均布荷载作用下角点附加应力

表 7-4　　矩形面积上均布荷载作用下角点附加应力 α

z/b	l/b											
	1.0	1.2	1.4	1.6	1.8	2.0	3.0	4.0	5.0	6.0	10.0	条形
0.0	0.250	0.250	0.250	0.250	0.250	0.250	0.250	0.250	0.250	0.250	0.250	0.250
0.2	0.249	0.249	0.249	0.249	0.249	0.249	0.249	0.249	0.249	0.249	0.249	0.249
0.4	0.240	0.242	0.243	0.243	0.244	0.244	0.244	0.244	0.244	0.244	0.244	0.244
0.6	0.223	0.228	0.230	0.232	0.232	0.233	0.234	0.234	0.234	0.234	0.234	0.234

续表

z/b	l/b											
	1.0	1.2	1.4	1.6	1.8	2.0	3.0	4.0	5.0	6.0	10.0	条形
0.8	0.200	0.207	0.212	0.215	0.216	0.218	0.220	0.220	0.220	0.220	0.220	0.220
1.0	0.175	0.185	0.191	0.195	0.198	0.200	0.203	0.204	0.204	0.204	0.205	0.205
1.2	0.152	0.163	0.171	0.176	0.179	0.182	0.187	0.188	0.189	0.189	0.189	0.189
1.4	0.131	0.142	0.151	0.157	0.161	0.164	0.171	0.173	0.174	0.174	0.174	0.174
1.6	0.112	0.124	0.133	0.140	0.145	0.148	0.157	0.159	0.160	0.160	0.160	0.160
1.8	0.097	0.108	0.117	0.124	0.129	0.133	0.143	0.146	0.147	0.148	0.148	0.148
2.0	0.084	0.095	0.103	0.110	0.116	0.120	0.131	0.135	0.136	0.137	0.137	0.137
2.2	0.073	0.083	0.092	0.098	0.104	0.108	0.121	0.125	0.126	0.127	0.128	0.128
2.4	0.064	0.073	0.081	0.088	0.093	0.098	0.111	0.116	0.118	0.118	0.119	0.119
2.6	0.057	0.065	0.072	0.079	0.084	0.089	0.102	0.107	0.110	0.111	0.112	0.112
2.8	0.050	0.058	0.065	0.071	0.076	0.080	0.094	0.100	0.102	0.104	0.105	0.105
3.0	0.045	0.052	0.058	0.064	0.069	0.073	0.087	0.093	0.096	0.097	0.099	0.099
3.2	0.040	0.047	0.053	0.058	0.063	0.067	0.081	0.087	0.090	0.092	0.093	0.094
3.4	0.036	0.042	0.048	0.053	0.057	0.061	0.075	0.081	0.085	0.086	0.088	0.089
3.6	0.033	0.038	0.043	0.048	0.052	0.056	0.069	0.076	0.080	0.082	0.084	0.084
3.8	0.030	0.035	0.040	0.044	0.048	0.052	0.065	0.072	0.075	0.077	0.080	0.080
4.0	0.027	0.032	0.036	0.040	0.044	0.048	0.060	0.067	0.071	0.073	0.076	0.076
4.2	0.025	0.029	0.033	0.037	0.041	0.044	0.056	0.063	0.067	0.070	0.072	0.073
4.4	0.023	0.027	0.031	0.034	0.038	0.041	0.053	0.060	0.064	0.066	0.069	0.070
4.6	0.021	0.025	0.028	0.032	0.035	0.038	0.049	0.056	0.061	0.063	0.066	0.067
4.8	0.019	0.023	0.026	0.029	0.032	0.035	0.046	0.053	0.058	0.060	0.064	0.064
5.0	0.018	0.021	0.024	0.027	0.030	0.033	0.043	0.050	0.055	0.057	0.061	0.062
6.0	0.013	0.015	0.017	0.020	0.022	0.024	0.033	0.039	0.043	0.046	0.051	0.052
7.0	0.009	0.011	0.013	0.015	0.016	0.018	0.025	0.031	0.035	0.038	0.043	0.045
8.0	0.007	0.009	0.010	0.011	0.013	0.014	0.020	0.025	0.028	0.031	0.037	0.039
9.0	0.006	0.007	0.008	0.009	0.010	0.011	0.016	0.020	0.024	0.026	0.032	0.035
10.0	0.005	0.006	0.007	0.007	0.008	0.009	0.013	0.017	0.020	0.022	0.028	0.032
12.0	0.003	0.004	0.005	0.005	0.006	0.006	0.009	0.012	0.014	0.017	0.022	0.026
14.0	0.002	0.003	0.003	0.004	0.004	0.005	0.007	0.009	0.011	0.013	0.018	0.023
16.0	0.002	0.002	0.003	0.003	0.003	0.004	0.005	0.007	0.009	0.010	0.014	0.020
18.0	0.001	0.002	0.002	0.002	0.003	0.003	0.004	0.006	0.007	0.008	0.012	0.018

续表

z/b	l/b											
	1.0	1.2	1.4	1.6	1.8	2.0	3.0	4.0	5.0	6.0	10.0	条形
20.0	0.001	0.001	0.002	0.002	0.002	0.002	0.004	0.005	0.006	0.007	0.010	0.016
25.0	0.001	0.001	0.001	0.001	0.001	0.002	0.002	0.003	0.004	0.004	0.007	0.013
30.0	0.001	0.001	0.001	0.001	0.001	0.001	0.002	0.002	0.003	0.002	0.005	0.011
35.0	0.000	0.000	0.001	0.001	0.001	0.001	0.001	0.002	0.002	0.002	0.004	0.009
40.0	0.000	0.000	0.000	0.000	0.001	0.001	0.001	0.001	0.001	0.002	0.003	0.008

注：l——基础长度（m）；b——基础宽度（m）；z——计算点离基础底面垂直距离（m）。

7.2.5 矩形面积上均布荷载作用下角点的平均附加应力系数

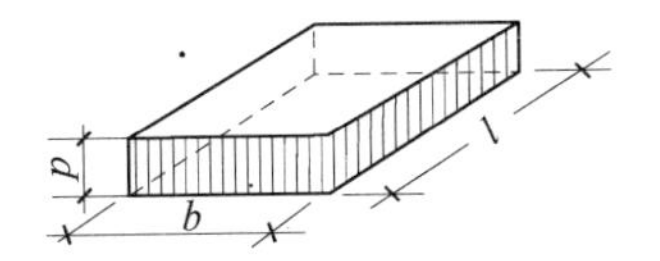

表 7－5　矩形面积上均布荷载作用下角点的平均附加应力系数 $\bar{\alpha}$

z/b \ l/b	1.0	1.2	1.4	1.6	1.8	2.0	2.4	2.8	3.2	3.6	4.0	5.0	10.0
0.0	0.2500	0.2500	0.2500	0.2500	0.2500	0.2500	0.2500	0.2500	0.2500	0.2500	0.2500	0.2500	0.2500
0.2	0.2496	0.2497	0.2497	0.2498	0.2498	0.2498	0.2498	0.2498	0.2498	0.2498	0.2498	0.2498	0.2498
0.4	0.2474	0.2479	0.2481	0.2483	0.2483	0.2484	0.2485	0.2485	0.2485	0.2485	0.2485	0.2485	0.2485
0.6	0.2423	0.2437	0.2444	0.2448	0.2451	0.2452	0.2454	0.2455	0.2455	0.2455	0.2455	0.2455	0.2456
0.8	0.2346	0.2372	0.2387	0.2395	0.2400	0.2403	0.2407	0.2408	0.2409	0.2409	0.2410	0.2410	0.2410
1.0	0.2252	0.2291	0.2313	0.2326	0.2335	0.2340	0.2346	0.2349	0.2351	0.2352	0.2352	0.2353	0.2353
1.2	0.2149	0.2199	0.2229	0.2248	0.2260	0.2268	0.2278	0.2282	0.2285	0.2286	0.2287	0.2288	0.2289
1.4	0.2043	0.2102	0.2140	0.2164	0.2180	0.2191	0.2204	0.2211	0.2215	0.2217	0.2218	0.2220	0.2221
1.6	0.1939	0.2006	0.2049	0.2079	0.2099	0.2113	0.2130	0.2138	0.2143	0.2146	0.2148	0.2150	0.2152
1.8	0.1840	0.1912	0.1960	0.1994	0.2018	0.2034	0.2055	0.2066	0.2073	0.2077	0.2079	0.2082	0.2084
2.0	0.1746	0.1822	0.1875	0.1912	0.1938	0.1958	0.1982	0.1996	0.2004	0.2009	0.2012	0.2015	0.2018
2.2	0.1659	0.1737	0.1793	0.1833	0.1862	0.1883	0.1911	0.1927	0.1937	0.1943	0.1947	0.1952	0.1955
2.4	0.1578	0.1657	0.1715	0.1757	0.1789	0.1812	0.1843	0.1862	0.1873	0.1880	0.1885	0.1890	0.1895
2.6	0.1503	0.1583	0.1642	0.1686	0.1719	0.1745	0.1779	0.1799	0.1812	0.1820	0.1825	0.1832	0.1838
2.8	0.1433	0.1514	0.1574	0.1619	0.1654	0.1680	0.1717	0.1739	0.1753	0.1763	0.1769	0.1777	0.1784
3.0	0.1369	0.1449	0.1510	0.1556	0.1592	0.1619	0.1658	0.1682	0.1698	0.1708	0.1715	0.1725	0.1733

续表

z/b \ l/b	1.0	1.2	1.4	1.6	1.8	2.0	2.4	2.8	3.2	3.6	4.0	5.0	10.0
3.2	0.1310	0.1390	0.1450	0.1497	0.1533	0.1562	0.1602	0.1628	0.1645	0.1657	0.1664	0.1675	0.1685
3.4	0.1256	0.1334	0.1394	0.1441	0.1478	0.1508	0.1550	0.1577	0.1595	0.1607	0.1616	0.1628	0.1639
3.6	0.1205	0.1282	0.1342	0.1389	0.1427	0.1456	0.1500	0.1528	0.1548	0.1561	0.1570	0.1583	0.1595
3.8	0.1158	0.1234	0.1293	0.1340	0.1378	0.1408	0.1452	0.1482	0.1502	0.1516	0.1526	0.1541	0.1554
4.0	0.1114	0.1189	0.1248	0.1294	0.1332	0.1362	0.1408	0.1438	0.1459	0.1474	0.1485	0.1500	0.1516
4.2	0.1073	0.1147	0.1205	0.1251	0.1289	0.1319	0.1365	0.1396	0.1418	0.1434	0.1445	0.1462	0.1479
4.4	0.1035	0.1107	0.1164	0.1210	0.1248	0.1279	0.1325	0.1357	0.1379	0.1396	0.1407	0.1425	0.1444
4.6	0.1000	0.1070	0.1127	0.1172	0.1209	0.1240	0.1287	0.1319	0.1342	0.1359	0.1371	0.1390	0.1410
4.8	0.0967	0.1036	0.1091	0.1136	0.1173	0.1204	0.1250	0.1283	0.1307	0.1324	0.1337	0.1357	0.1379
5.0	0.0935	0.1003	0.1057	0.1102	0.1139	0.1169	0.1216	0.1249	0.1273	0.1291	0.1304	0.1325	0.1348
5.2	0.0906	0.0972	0.1026	0.1070	0.1106	0.1136	0.1183	0.1217	0.1241	0.1259	0.1273	0.1295	0.1320
5.4	0.0878	0.0943	0.0996	0.1039	0.1075	0.1105	0.1152	0.1186	0.1211	0.1229	0.1243	0.1265	0.1292
5.6	0.0852	0.0916	0.0968	0.1010	0.1046	0.1076	0.1122	0.1156	0.1181	0.1200	0.1215	0.1238	0.1266
5.8	0.0828	0.0890	0.0941	0.0983	0.1018	0.1047	0.1094	0.1128	0.1153	0.1172	0.1187	0.1211	0.1240
6.0	0.0805	0.0866	0.0916	0.0957	0.0991	0.1021	0.1067	0.1101	0.1126	0.1146	0.1161	0.1185	0.1216
6.2	0.0783	0.0842	0.0891	0.0932	0.0966	0.0995	0.1041	0.1075	0.1101	0.1120	0.1136	0.1161	0.1193
6.4	0.0762	0.0820	0.0869	0.0909	0.0942	0.0971	0.1016	0.1050	0.1076	0.1096	0.1111	0.1137	0.1171
6.6	0.0742	0.0799	0.0847	0.0886	0.0919	0.0948	0.0993	0.1027	0.1053	0.1073	0.1088	0.1114	0.1149
6.8	0.0723	0.0779	0.0826	0.0865	0.0898	0.0926	0.0970	0.1004	0.1030	0.1050	0.1066	0.1092	0.1129
7.0	0.0705	0.0761	0.0806	0.0844	0.0877	0.0904	0.0949	0.0982	0.1008	0.1028	0.1044	0.1071	0.1109
7.2	0.0688	0.0742	0.0787	0.0825	0.0857	0.0884	0.0928	0.0962	0.0987	0.1008	0.1023	0.1051	0.1090
7.4	0.0672	0.0725	0.0769	0.0806	0.0838	0.0865	0.0908	0.0942	0.0967	0.0988	0.1004	0.1031	0.1071
7.6	0.0656	0.0709	0.0752	0.0789	0.0820	0.0846	0.0889	0.0922	0.0948	0.0968	0.0984	0.1012	0.1054
7.8	0.0642	0.0693	0.0736	0.0771	0.0802	0.0828	0.0871	0.0904	0.0929	0.0950	0.0966	0.0994	0.1036
8.0	0.0627	0.0678	0.0720	0.0755	0.0785	0.0811	0.0853	0.0886	0.0912	0.0932	0.0948	0.0976	0.1020
8.2	0.0614	0.0663	0.0705	0.0739	0.0769	0.0795	0.0837	0.0869	0.0894	0.0914	0.0931	0.0959	0.1004
8.4	0.0601	0.0649	0.0690	0.0724	0.0754	0.0779	0.0820	0.0852	0.0878	0.0893	0.0914	0.0943	0.0938
8.6	0.0588	0.0636	0.0676	0.0710	0.0739	0.0764	0.0805	0.0836	0.0862	0.0882	0.0898	0.0927	0.0973
8.8	0.0576	0.0623	0.0663	0.0696	0.0724	0.0749	0.0790	0.0821	0.0846	0.0866	0.0882	0.0912	0.0959
9.2	0.0554	0.0599	0.0637	0.0670	0.0697	0.0721	0.0761	0.0792	0.0817	0.0837	0.0853	0.0882	0.0931
9.6	0.0533	0.0577	0.0614	0.0645	0.0672	0.0696	0.0734	0.0765	0.0789	0.0809	0.0825	0.0855	0.0905

续表

z/b \ l/b	1.0	1.2	1.4	1.6	1.8	2.0	2.4	2.8	3.2	3.6	4.0	5.0	10.0
10.0	0.0514	0.0556	0.0592	0.0622	0.0649	0.0672	0.0710	0.0739	0.0763	0.0783	0.0799	0.0829	0.0880
10.4	0.0496	0.0537	0.0572	0.0601	0.0627	0.0649	0.0686	0.0716	0.0739	0.0759	0.0775	0.0804	0.0857
10.8	0.0479	0.0519	0.0553	0.0581	0.0606	0.0628	0.0664	0.0693	0.0717	0.0736	0.0751	0.0781	0.0834
11.2	0.0463	0.0502	0.0535	0.0563	0.0587	0.0609	0.0644	0.0672	0.0695	0.0714	0.0730	0.0759	0.0813
11.6	0.0448	0.0486	0.0518	0.0545	0.0569	0.0590	0.0625	0.0652	0.0675	0.0694	0.0709	0.0738	0.0793
12.0	0.0435	0.0471	0.0502	0.0529	0.0552	0.0573	0.0606	0.0634	0.0656	0.0674	0.0690	0.0719	0.0774
12.8	0.0409	0.0444	0.0474	0.0499	0.0521	0.0541	0.0573	0.0599	0.0621	0.0639	0.0654	0.0682	0.0739
13.6	0.0387	0.0420	0.0448	0.0472	0.0493	0.0512	0.0543	0.0568	0.0589	0.0607	0.0621	0.0649	0.0707
14.4	0.0367	0.0398	0.0425	0.0448	0.0468	0.0486	0.0516	0.0540	0.0561	0.0577	0.0592	0.0619	0.0677
15.2	0.0349	0.0379	0.0404	0.0426	0.0446	0.0463	0.0492	0.0515	0.0535	0.0551	0.0565	0.0592	0.0650
16.0	0.0332	0.0361	0.0385	0.0407	0.0425	0.0442	0.0469	0.0492	0.0511	0.0527	0.0540	0.0567	0.0625
18.0	0.0297	0.0323	0.0345	0.0364	0.0381	0.0396	0.0422	0.0442	0.0460	0.0475	0.0487	0.0512	0.0570
20.0	0.0269	0.0292	0.0312	0.0330	0.0345	0.0359	0.0383	0.0402	0.0418	0.0432	0.0444	0.0468	0.0524

注：l——基础长度（m）；b——基础宽度（m）；z——计算点离基础底面的垂直距离（m）。

7.2.6　矩形面积上三角形分布荷载作用下的附加应力系数与平均附加应力系数

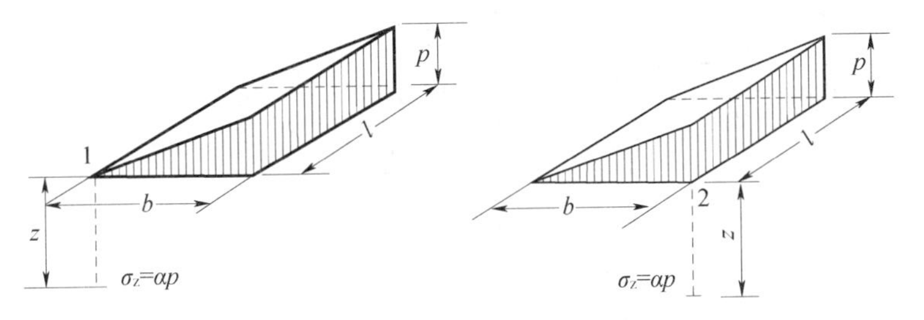

表 7－6　　矩形面积上三角形分布荷载作用下的附加应力系数 α 与平均附加应力系数 $\overline{\alpha}$

l/b	0.2				0.4				0.6				l/b
点	1		2		1		2		1		2		点
z/b　系数	α	$\overline{\alpha}$	α	$\overline{\alpha}$	α	$\overline{\alpha}$	α	$\overline{\alpha}$	α	$\overline{\alpha}$	α	$\overline{\alpha}$	系数　z/b
0.0	0.0000	0.0000	0.2500	0.2500	0.0000	0.0000	0.2500	0.2500	0.0000	0.0000	0.2500	0.2500	0.0
0.2	0.0223	0.0112	0.1821	0.2161	0.0280	0.0140	0.2115	0.2308	0.0296	0.0148	0.2165	0.2333	0.2
0.4	0.0269	0.0179	0.1094	0.1810	0.0420	0.0245	0.1604	0.2084	0.0487	0.0270	0.1781	0.2153	0.4
0.6	0.0259	0.0207	0.0700	0.1505	0.0448	0.0308	0.1165	0.1851	0.0560	0.0355	0.1405	0.1966	0.6

续表

z/b \ l/b	0.2				0.4				0.6			
点	1		2		1		2		1		2	
系数	α	$\bar{\alpha}$	α	$\bar{\alpha}$	α	$\bar{\alpha}$	α	$\bar{\alpha}$	α	$\bar{\alpha}$	α	$\bar{\alpha}$
0.8	0.0232	0.0217	0.0480	0.1277	0.0421	0.0340	0.0853	0.1640	0.0553	0.0405	0.1093	0.1787
1.0	0.0201	0.0217	0.0346	0.1104	0.0375	0.0351	0.0638	0.1461	0.0508	0.0430	0.0852	0.1624
1.2	0.0171	0.0212	0.0260	0.0970	0.0324	0.0351	0.0491	0.1312	0.0450	0.0439	0.0673	0.1480
1.4	0.0145	0.0204	0.0202	0.0865	0.0278	0.0344	0.0386	0.1187	0.0392	0.0436	0.0540	0.1356
1.6	0.0123	0.0195	0.0160	0.0779	0.0238	0.0333	0.0310	0.1082	0.0339	0.0427	0.0440	0.1247
1.8	0.0105	0.0186	0.0130	0.0709	0.0204	0.0321	0.0254	0.0993	0.0294	0.0415	0.0363	0.1153
2.0	0.0090	0.0178	0.0108	0.0650	0.0176	0.0308	0.0211	0.0917	0.0255	0.0401	0.0304	0.1071
2.5	0.0063	0.0157	0.0072	0.0538	0.0125	0.0276	0.0140	0.0769	0.0183	0.0365	0.0205	0.0908
3.0	0.0046	0.0140	0.0051	0.0458	0.0092	0.0248	0.0100	0.0661	0.0135	0.0330	0.0148	0.0786
5.0	0.0018	0.0097	0.0019	0.0289	0.0036	0.0175	0.0038	0.0424	0.0054	0.0236	0.0056	0.0476
7.0	0.0009	0.0073	0.0010	0.0211	0.0019	0.0133	0.0019	0.0311	0.0028	0.0180	0.0029	0.0352
10.0	0.0005	0.0053	0.0004	0.0150	0.0009	0.0097	0.0010	0.0222	0.0014	0.0133	0.0014	0.0253

z/b \ l/b	0.8				1.0				1.2			
点	1		2		1		2		1		2	
系数	α	$\bar{\alpha}$	α	$\bar{\alpha}$	α	$\bar{\alpha}$	α	$\bar{\alpha}$	α	$\bar{\alpha}$	α	$\bar{\alpha}$
0.0	0.0000	0.0000	0.2500	0.2500	0.0000	0.0000	0.2500	0.2500	0.0000	0.0000	0.2500	0.2500
0.2	0.0301	0.0151	0.2178	0.2339	0.0304	0.0152	0.2182	0.2341	0.0305	0.0153	0.2184	0.2342
0.4	0.0517	0.0280	0.1844	0.2175	0.0531	0.0285	0.1870	0.2184	0.0539	0.0288	0.1881	0.2187
0.6	0.0621	0.0376	0.1520	0.2011	0.0654	0.0388	0.1575	0.2030	0.0673	0.0394	0.1602	0.2039
0.8	0.0637	0.0440	0.1232	0.1852	0.0688	0.0459	0.1311	0.1883	0.0720	0.0470	0.1355	0.1899
1.0	0.0602	0.0476	0.0996	0.1704	0.0666	0.0502	0.1086	0.1746	0.0708	0.0518	0.1143	0.1769
1.2	0.0546	0.0492	0.0817	0.1571	0.0615	0.0525	0.0901	0.1621	0.0664	0.0546	0.0962	0.1649
1.4	0.0483	0.0495	0.0661	0.1451	0.0554	0.0534	0.0751	0.1507	0.0606	0.0559	0.0817	0.1541
1.6	0.0424	0.0490	0.0547	0.1345	0.0492	0.0533	0.0628	0.1405	0.0545	0.0561	0.0696	0.1443
1.8	0.0371	0.0480	0.0457	0.1252	0.0435	0.0525	0.0534	0.1313	0.0487	0.0556	0.0596	0.1354
2.0	0.0324	0.0467	0.0387	0.1169	0.0384	0.0513	0.0456	0.1232	0.0434	0.0547	0.0513	0.1274
2.5	0.0236	0.0429	0.0265	0.1000	0.0284	0.0478	0.0318	0.1063	0.0326	0.0513	0.0365	0.1107
3.0	0.0176	0.0392	0.0192	0.0871	0.0214	0.0439	0.0233	0.0931	0.0249	0.0476	0.0270	0.0976
5.0	0.0071	0.0285	0.0074	0.0576	0.0088	0.0324	0.0091	0.0624	0.0104	0.0356	0.0108	0.0661
7.0	0.0038	0.0219	0.0038	0.0427	0.0047	0.0251	0.0047	0.0465	0.0056	0.0277	0.0056	0.0496
10.0	0.0019	0.0162	0.0019	0.0308	0.0023	0.0186	0.0024	0.0336	0.0028	0.0207	0.0028	0.0359

续表

l/b 点 系数 z/b	1.4				1.6				1.8				l/b 点 系数 z/b
	1		2		1		2		1		2		
	α	$\bar{\alpha}$	α	$\bar{\alpha}$	α	$\bar{\alpha}$	α	$\bar{\alpha}$	α	$\bar{\alpha}$	α	$\bar{\alpha}$	
0.0	0.0000	0.0000	0.2500	0.2500	0.0000	0.0000	0.2500	0.2500	0.0000	0.0000	0.2500	0.2500	0.0
0.2	0.0305	0.0153	0.2185	0.2343	0.0306	0.0153	0.2185	0.2343	0.0306	0.0153	0.2185	0.2343	0.2
0.4	0.0543	0.0289	0.1886	0.2189	0.0545	0.0290	0.1889	0.2190	0.0546	0.0290	0.1891	0.2190	0.4
0.6	0.0684	0.0397	0.1616	0.2043	0.0690	0.0399	0.1625	0.2046	0.0694	0.0400	0.1630	0.2017	0.6
0.8	0.0739	0.0476	0.1381	0.1907	0.0751	0.0480	0.1396	0.1912	0.0759	0.0482	0.1405	0.1915	0.8
1.0	0.0735	0.0528	0.1176	0.1781	0.0753	0.0534	0.1202	0.1789	0.0766	0.0538	0.1215	0.1794	1.0
1.2	0.0698	0.0560	0.1007	0.1666	0.0721	0.0568	0.1037	0.1678	0.0738	0.0574	0.1055	0.1684	1.2
1.4	0.0644	0.0575	0.0864	0.1562	0.0672	0.0586	0.0897	0.1576	0.0692	0.0594	0.0921	0.1585	1.4
1.6	0.0586	0.0580	0.0743	0.1467	0.0616	0.0594	0.0780	0.1484	0.0639	0.0603	0.0806	0.1494	1.6
1.8	0.0528	0.0578	0.0644	0.1381	0.0560	0.0593	0.0681	0.1400	0.0585	0.0604	0.0709	0.1413	1.8
2.0	0.0474	0.0570	0.0560	0.1303	0.0507	0.0587	0.0596	0.1324	0.0533	0.0599	0.0625	0.1338	2.0
2.5	0.0362	0.0540	0.0405	0.1139	0.0393	0.0560	0.0440	0.1163	0.0419	0.0575	0.0469	0.1180	2.5
3.0	0.0280	0.0503	0.0303	0.1008	0.0307	0.0525	0.0333	0.1033	0.0331	0.0541	0.0359	0.1052	3.0
5.0	0.0120	0.0382	0.0123	0.0690	0.0135	0.0403	0.0139	0.0714	0.0148	0.0421	0.0454	0.0734	5.0
7.0	0.0064	0.0299	0.0066	0.0520	0.0073	0.0318	0.0074	0.0541	0.0081	0.0333	0.0083	0.0558	7.0
10.0	0.0033	0.0224	0.0032	0.0379	0.0037	0.0239	0.0037	0.0395	0.0041	0.0252	0.0042	0.0409	10.0

l/b 点 系数 z/b	2.0				3.0				4.0				l/b 点 系数 z/b
	1		2		1		2		1		2		
	α	$\bar{\alpha}$	α	$\bar{\alpha}$	α	$\bar{\alpha}$	α	$\bar{\alpha}$	α	$\bar{\alpha}$	α	$\bar{\alpha}$	
0.0	0.0000	0.0000	0.2500	0.2500	0.0000	0.0000	0.2500	0.2500	0.0000	0.0000	0.2500	0.2500	0.0
0.2	0.0306	0.0153	0.2185	0.2343	0.0306	0.0153	0.2186	0.2343	0.0306	0.0153	0.2186	0.2343	0.2
0.4	0.0547	0.0290	0.1892	0.2191	0.0548	0.0290	0.1894	0.2192	0.0549	0.0291	0.1894	0.2192	0.4
0.6	0.0696	0.0401	0.1633	0.2048	0.0701	0.0402	0.1638	0.2050	0.0702	0.0402	0.1639	0.2050	0.6
0.8	0.0764	0.0483	0.1412	0.1917	0.0773	0.0486	0.1423	0.1920	0.0776	0.0487	0.1424	0.1920	0.8
1.0	0.0774	0.0540	0.1225	0.1797	0.0790	0.0545	0.1244	0.1803	0.0794	0.0546	0.1248	0.1803	1.0
1.2	0.0749	0.0577	0.1069	0.1689	0.0774	0.0584	0.1096	0.1697	0.0779	0.0586	0.1103	0.1699	1.2
1.4	0.0707	0.0599	0.0937	0.1591	0.0739	0.0609	0.0973	0.1603	0.0748	0.0612	0.0982	0.1605	1.4

续表

l/b 点 系数 z/b	2.0				3.0				4.0				l/b 点 系数 z/b
	1		2		1		2		1		2		
	α	$\bar{\alpha}$	α	$\bar{\alpha}$	α	$\bar{\alpha}$	α	$\bar{\alpha}$	α	$\bar{\alpha}$	α	$\bar{\alpha}$	
1.6	0.0656	0.0609	0.0826	0.1502	0.0697	0.0623	0.0870	0.1517	0.0708	0.0626	0.0882	0.1521	1.6
1.8	0.0604	0.0611	0.0730	0.1422	0.0652	0.0628	0.0782	0.1441	0.0666	0.0633	0.0797	0.1445	1.8
2.0	0.0553	0.0608	0.0649	0.1348	0.0607	0.0629	0.0707	0.1371	0.0624	0.0634	0.0726	0.1377	2.0
2.5	0.0440	0.0586	0.0491	0.1193	0.0504	0.0614	0.0559	0.1223	0.0529	0.0623	0.0585	0.1233	2.5
3.0	0.0352	0.0554	0.0380	0.1067	0.0419	0.0589	0.0451	0.1104	0.0449	0.0600	0.0482	0.1116	3.0
5.0	0.0161	0.0435	0.0167	0.0749	0.0214	0.0480	0.0221	0.0797	0.0248	0.0500	0.0256	0.0817	5.0
7.0	0.0089	0.0347	0.0091	0.0572	0.0124	0.0391	0.0126	0.0619	0.0152	0.0414	0.0154	0.0642	7.0
10.0	0.0046	0.0263	0.0046	0.0403	0.0066	0.0302	0.0066	0.0462	0.0084	0.0325	0.0083	0.0485	10.0

l/b 点 系数 z/b	6.0				8.0				10.0				l/b 点 系数 z/b
	1		2		1		2		1		2		
	α	$\bar{\alpha}$	α	$\bar{\alpha}$	α	$\bar{\alpha}$	α	$\bar{\alpha}$	α	$\bar{\alpha}$	α	$\bar{\alpha}$	
0.0	0.0000	0.0000	0.2500	0.2500	0.0000	0.0000	0.2500	0.2500	0.0000	0.0000	0.2500	0.2500	0.0
0.2	0.0306	0.0153	0.2186	0.2343	0.0306	0.0153	0.2186	0.2343	0.0306	0.0153	0.2186	0.2343	0.2
0.4	0.0549	0.0291	0.1894	0.2192	0.0549	0.0291	0.1894	0.2192	0.0549	0.0291	0.1894	0.2192	0.4
0.6	0.0702	0.0402	0.1640	0.2050	0.0702	0.0402	0.1640	0.2050	0.0702	0.0402	0.1640	0.2050	0.6
0.8	0.0776	0.0487	0.1426	0.1921	0.0776	0.0487	0.1426	0.1921	0.0776	0.0487	0.1426	0.1921	0.8
1.0	0.0795	0.0546	0.1250	0.1804	0.0796	0.0546	0.1250	0.1804	0.0796	0.0546	0.1250	0.1804	1.0
1.2	0.0782	0.0587	0.1105	0.1700	0.0783	0.0587	0.1105	0.1700	0.0783	0.0587	0.1105	0.1700	1.2
1.4	0.0752	0.0613	0.0986	0.1606	0.0752	0.0613	0.0987	0.1606	0.0753	0.0613	0.0987	0.1606	1.4
1.6	0.0714	0.0628	0.0887	0.1523	0.0715	0.0628	0.0888	0.1523	0.0715	0.0628	0.0889	0.1523	1.6
1.8	0.0673	0.0635	0.0805	0.1447	0.0675	0.0635	0.0806	0.1448	0.0675	0.0635	0.0808	0.1448	1.8
2.0	0.0634	0.0637	0.0734	0.1380	0.0636	0.0638	0.0736	0.1380	0.0636	0.0638	0.0738	0.1380	2.0
2.5	0.0543	0.0627	0.0601	0.1237	0.0547	0.0628	0.0604	0.1238	0.0548	0.0628	0.0605	0.1239	2.5
3.0	0.0469	0.0607	0.0504	0.1123	0.0474	0.0609	0.0509	0.1124	0.0476	0.0609	0.0511	0.1125	3.0
5.0	0.0283	0.0515	0.0290	0.0833	0.0296	0.0519	0.0303	0.0837	0.0301	0.0521	0.0309	0.0839	5.0
7.0	0.0186	0.0435	0.0190	0.0663	0.0204	0.0442	0.0207	0.0671	0.0212	0.0445	0.0216	0.0674	7.0
10.0	0.0111	0.0349	0.0111	0.0509	0.0128	0.0359	0.0130	0.0520	0.0139	0.0364	0.0141	0.0526	10.0

注： l——基础长度（m）；b——基础宽度（m）；z——计算点离基础底面的垂直距离（m）。

7.2.7 圆形面积上均布荷载作用下中点的附加应力系数与平均附加应力系数

表 7-7　　圆形面积上均布荷载作用下中点的附加应力系数 α 与平均附加应力系数 $\bar{\alpha}$

z/r	圆形		z/r	圆形	
	α	$\bar{\alpha}$		α	$\bar{\alpha}$
0.0	1.000	1.000	0.1	0.999	1.000
0.2	0.992	0.998	2.7	0.175	0.546
0.3	0.976	0.993	2.8	0.165	0.532
0.4	0.949	0.986	2.9	0.155	0.519
0.5	0.911	0.974	3.0	0.146	0.507
0.6	0.864	0.960	3.1	0.138	0.495
0.7	0.811	0.942	3.2	0.130	0.484
0.8	0.756	0.923	3.3	0.124	0.473
0.9	0.701	0.901	3.4	0.117	0.463
1.0	0.647	0.878	3.5	0.111	0.453
1.1	0.595	0.855	3.6	0.106	0.443
1.2	0.547	0.831	3.7	0.101	0.434
1.3	0.502	0.808	3.8	0.096	0.425
1.4	0.461	0.784	3.9	0.091	0.417
1.5	0.424	0.762	4.0	0.087	0.409
1.6	0.390	0.739	4.1	0.083	0.401
1.7	0.360	0.718	4.2	0.079	0.393
1.8	0.332	0.697	4.3	0.076	0.386
1.9	0.307	0.677	4.4	0.073	0.379
2.0	0.285	0.658	4.5	0.070	0.372
2.1	0.264	0.640	4.6	0.067	0.365
2.2	0.245	0.623	4.7	0.064	0.359
2.3	0.229	0.606	4.8	0.062	0.353
2.4	0.210	0.590	4.9	0.059	0.347
2.5	0.200	0.574	5.0	0.057	0.341
2.6	0.187	0.560			

注：z——计算点离基础底面的垂直距离；r——圆形半径。

7.2.8 圆形面积上三角形分布荷载作用下边点的附加应力系数与平均附加应力系数

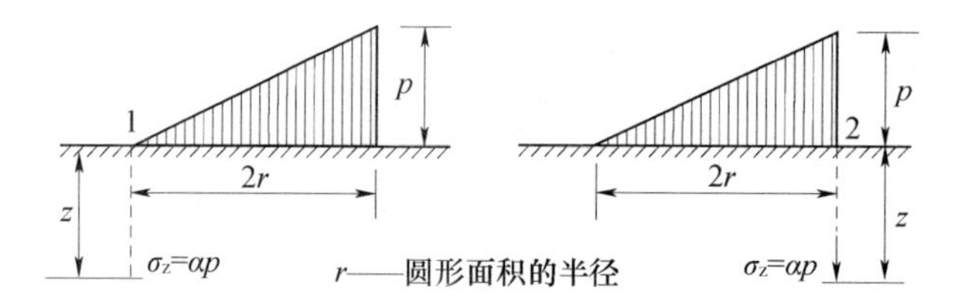

表 7-8　　圆形面积上三角形分布荷载作用下边点的附加应力系数 α 与平均附加应力系数 $\bar{\alpha}$

点 / 系数 / z/r	1		2	
	α	$\bar{\alpha}$	α	$\bar{\alpha}$
0.0	0.000	0.000	0.500	0.500
0.1	0.016	0.008	0.465	0.483
0.2	0.031	0.016	0.433	0.466
0.3	0.044	0.023	0.403	0.450
0.4	0.054	0.030	0.376	0.435
0.5	0.063	0.035	0.349	0.420
0.6	0.071	0.041	0.324	0.406
0.7	0.078	0.045	0.300	0.393
0.8	0.083	0.050	0.279	0.380
0.9	0.088	0.054	0.258	0.368
1.0	0.091	0.057	0.238	0.356
1.1	0.092	0.061	0.221	0.344
1.2	0.093	0.063	0.205	0.333
1.3	0.092	0.065	0.190	0.323
1.4	0.091	0.067	0.177	0.313
1.5	0.089	0.069	0.165	0.303
1.6	0.087	0.070	0.154	0.294
1.7	0.085	0.071	0.144	0.286
1.8	0.083	0.072	0.134	0.278
1.9	0.080	0.072	0.126	0.270
2.0	0.078	0.073	0.117	0.263
2.1	0.075	0.073	0.110	0.255
2.2	0.072	0.073	0.104	0.249
2.3	0.070	0.073	0.097	0.242

续表

z/r \ 系数 \ 点	1		2	
	α	$\bar{\alpha}$	α	$\bar{\alpha}$
2.4	0.067	0.073	0.091	0.236
2.5	0.064	0.072	0.086	0.230
2.6	0.062	0.072	0.081	0.225
2.7	0.059	0.071	0.078	0.219
2.8	0.057	0.071	0.074	0.214
2.9	0.055	0.070	0.070	0.209
3.0	0.052	0.070	0.067	0.204
3.1	0.050	0.069	0.064	0.200
3.2	0.048	0.069	0.061	0.196
3.3	0.046	0.068	0.059	0.192
3.4	0.045	0.067	0.055	0.188
3.5	0.043	0.067	0.053	0.184
3.6	0.041	0.066	0.051	0.180
3.7	0.040	0.065	0.048	0.177
3.8	0.038	0.065	0.046	0.173
3.9	0.037	0.064	0.043	0.170
4.0	0.036	0.063	0.041	0.167
4.2	0.033	0.062	0.038	0.161
4.4	0.031	0.061	0.034	0.155
4.6	0.029	0.059	0.031	0.150
4.8	0.027	0.058	0.029	0.145
5.0	0.025	0.057	0.027	0.140

7.2.9 地基变形计算深度

表 7－9　　地基变形计算深度 Δz

b/m	$\leqslant 2$	$2<b\leqslant 4$	$4<b\leqslant 8$	$b>8$
Δz/m	0.3	0.6	0.8	1.0

注：b——地基宽度。

7.2.10 按 E_0 计算沉降时的 δ 系数

表 7-10 按 E_0 计算沉降时的 δ 系数

$m=\frac{2z}{b}$	$n=\frac{l}{b}$						$n\geqslant10$
	1	1.4	1.8	2.4	3.2	5	
0.0	0.000	0.000	0.000	0.000	0.000	0.000	0.000
0.4	0.100	0.100	0.100	0.100	0.100	0.100	0.104
0.8	0.200	0.200	0.200	0.200	0.200	0.200	0.208
1.2	0.299	0.300	0.300	0.300	0.300	0.300	0.311
1.6	0.380	0.394	0.397	0.397	0.397	0.397	0.412
2.0	0.446	0.472	0.482	0.486	0.486	0.486	0.511
2.4	0.499	0.538	0.556	0.565	0.567	0.567	0.605
2.8	0.542	0.592	0.618	0.635	0.640	0.640	0.687
3.2	0.577	0.637	0.671	0.696	0.707	0.709	0.763
3.6	0.606	0.676	0.717	0.750	0.768	0.772	0.831
4.0	0.630	0.708	0.756	0.796	0.820	0.830	0.892
4.4	0.650	0.735	0.789	0.837	0.867	0.883	0.949
4.8	0.668	0.759	0.819	0.873	0.908	0.932	1.001
5.2	0.683	0.780	0.834	0.904	0.948	0.977	1.050
5.6	0.697	0.798	0.867	0.933	0.981	1.018	1.096
6.0	0.708	0.814	0.887	0.958	1.011	1.056	1.138
6.4	0.719	0.828	0.904	0.980	1.031	1.090	1.178
6.8	0.728	0.841	0.920	1.000	1.065	1.122	1.215
7.2	0.736	0.852	0.935	1.019	1.088	1.152	1.251
7.6	0.744	0.863	0.948	1.036	1.109	1.180	1.285
8.0	0.751	0.872	0.960	1.051	1.128	1.205	1.316
8.4	0.757	0.881	0.970	1.065	1.146	1.229	1.347
8.8	0.762	0.888	0.980	1.078	1.162	1.251	1.376
9.2	0.768	0.896	0.989	1.089	1.178	1.272	1.404
9.6	0.772	0.902	0.998	1.100	1.192	1.291	1.431
10.0	0.777	0.908	1.005	1.110	1.205	1.309	1.456
11.0	0.786	0.922	1.022	1.132	1.238	1.349	1.506
12.0	0.794	0.933	1.037	1.151	1.257	1.384	1.550

注：l、b——矩形基础的长度与宽度；z——基础底面至该层土底面的距离。

7.2.11 承台效应系数

表 7-11　　承台效应系数 η_c

B_c/l \ s_a/d	3	4	5	6	>6
≤0.4	0.06～0.08	0.14～0.17	0.22～0.26	0.32～0.38	0.50～0.80
0.4～0.8	0.08～0.10	0.17～0.20	0.26～0.30	0.38～0.44	
>0.8	0.10～0.12	0.20～0.22	0.30～0.34	0.44～0.50	
单排桩条形承台	0.15～0.18	0.25～0.30	0.38～0.45	0.50～0.60	

注：1. 表中 s_a/d 为桩中心距与桩径之比；B_c/l 为承台宽度与桩长之比。当计算基桩为非正方形排列时，$s_a=\sqrt{A/n}$，A 为承台计算域面积，n 为总桩数。
2. 对于桩布置于墙下的箱、筏承台，η_c 可按单排桩条形承台取值。
3. 对于单排桩条形承台，当承台宽度小于 1.5d 时，η_c 按非条形承台取值。
4. 对于采用后注浆灌注桩的承台，η_c 宜取低值。
5. 对于饱和黏性土中的挤土桩基、软土地基上的桩基承台，η_c 宜取低值的 0.8 倍。
6. 当承台底为可液化土、湿陷性土、高灵敏度软土、欠固结土、新填土时，沉桩引起超孔隙水压力和土体隆起时，不考虑承台效应，取 $\eta_c=0$。

7.2.12 桩端阻力修正系数

表 7-12　　桩端阻力修正系数 α 值

桩长/m	$l<15$	$15\leqslant l\leqslant 30$	$30<l\leqslant 60$
α	0.75	0.75～0.90	0.90

注：桩长 15m≤l≤30m，α 值按 l 值直线内插；l 为桩长（不包括桩尖高度）。

7.2.13 桩的极限侧阻力标准值

表 7-13　　桩的极限侧阻力（kPa）标准值 q_{sik}

土的名称	土的状态		混凝土预制桩	泥浆护壁钻（冲）孔桩	干作业钻孔桩
填土	—		22～30	20～28	20～28
淤泥	—		14～20	12～18	12～18
淤泥质土	—		22～30	20～28	20～28
黏性土	流塑	$I_L>1$	24～40	21～38	21～38
	软塑	$0.75<I_L\leqslant 1$	40～55	38～53	38～53
	可塑	$0.50<I_L\leqslant 0.75$	55～70	53～68	53～66
	硬可塑	$0.25<I_L\leqslant 0.50$	70～86	68～84	66～82
	硬塑	$0<I_L\leqslant 0.25$	86～98	84～96	82～94
	坚硬	$I_L\leqslant 0$	98～105	96～102	94～104
红黏土	$0.7<a_w\leqslant 1$		13～32	12～30	12～30
	$0.5<a_w\leqslant 0.7$		32～74	30～70	30～70

续表

土的名称	土的状态		混凝土预制桩	泥浆护壁钻（冲）孔桩	干作业钻孔桩
粉土	稍密	$e>0.9$	26～46	24～42	24～42
	中密	$0.75\leqslant e\leqslant 0.9$	46～66	42～62	42～62
	密实	$e<0.75$	66～88	62～82	62～82
粉细砂	稍密	$10<N\leqslant 15$	24～48	22～46	22～46
	中密	$15<N\leqslant 30$	48～66	46～64	46～64
	密实	$N>30$	66～88	64～86	64～86
中砂	中密	$15<N\leqslant 30$	54～74	53～72	53～72
	密实	$N>30$	74～95	72～94	72～94
粗砂	中密	$15<N\leqslant 30$	74～95	74～95	76～98
	密实	$N>30$	95～116	95～116	98～120
砾砂	稍密	$5<N_{63.5}\leqslant 15$	70～110	50～90	60～100
	中密（密实）	$N_{63.5}>15$	116～138	116～130	112～130
圆砾、角砾	中密、密实	$N_{63.5}>10$	160～200	135～150	135～150
碎石、卵石	中密、密实	$N_{63.5}>10$	200～300	140～170	150～170
全风化软质岩	—	$30<N\leqslant 50$	100～120	80～100	80～100
全风化硬质岩	—	$30<N\leqslant 50$	140～160	120～140	120～150
强风化软质岩	—	$N_{63.5}>10$	160～240	140～200	140～220
强风化硬质岩	—	$N_{63.5}>10$	220～300	160～240	160～260

注： 1. 对于尚未完成自重固结的填土和以生活垃圾为主的杂填土，不计算其侧阻力。

2. a_w 为含水比，$a_w=w/w_l$，w 为土的天然含水量，w_l 为土的液限。

3. N 为标准贯入击数；$N_{63.5}$ 为重型圆锥动力触探击数。

4. 全风化、强风化软质岩和全风化、强风化硬质岩系指其母岩分别为 $f_{rk}\leqslant 15\text{MPa}$、$f_{rk}>30\text{MPa}$ 的岩石。

7.2.14 桩的极限端阻力标准值

表 7-14　　桩的极限端阻力（kPa）标准值 q_{pk}

土名称	桩型 / 土的状态		混凝土预制桩桩长 l/m				泥浆护壁钻（冲）孔桩桩长 l/m				干作业钻孔桩桩长 l/m		
			$l\leqslant 9$	$9<l\leqslant 16$	$16<l\leqslant 30$	$l>30$	$5\leqslant l<10$	$10\leqslant l<15$	$15\leqslant l<30$	$30\leqslant l$	$5\leqslant l<10$	$10\leqslant l<15$	$15\leqslant l$
黏性土	软塑	$0.75<I_L\leqslant 1$	210～850	650～1400	1200～1800	1300～1900	150～250	250～300	300～450	300～450	200～400	400～700	700～950
	可塑	$0.50<I_L\leqslant 0.75$	850～1700	1400～2200	1900～2800	2300～3600	350～450	450～600	600～750	750～800	500～700	800～1100	1000～1600

续表

土名称	桩型/土的状态		混凝土预制桩桩长 l/m				泥浆护壁钻（冲）孔桩桩长 l/m				干作业钻孔桩桩长 l/m		
			$l\leqslant 9$	$9<l\leqslant 16$	$16<l\leqslant 30$	$l>30$	$5\leqslant l<10$	$10\leqslant l<15$	$15\leqslant l<30$	$30\leqslant l$	$5\leqslant l<10$	$10\leqslant l<15$	$15\leqslant l$
黏性土	硬可塑	$0.25<I_L\leqslant 0.50$	1500～2300	2300～3300	2700～3600	3600～4400	800～900	900～1000	1000～1200	1200～1400	850～1100	1500～1700	1700～1900
	硬塑	$0<I_L\leqslant 0.25$	2500～3800	3800～5500	5500～6000	6000～6800	1100～1200	1200～1400	1400～1600	1600～1800	1600～1800	2200～2400	2600～2800
粉土	中密	$0.75\leqslant e\leqslant 0.9$	950～1700	1400～2100	1900～2700	2500～3400	300～500	500～650	650～750	750～850	800～1200	1200～1400	1400～1600
	密实	$e<0.75$	1500～2600	2100～3000	2700～3600	3600～4400	650～900	750～950	900～1100	1100～1200	1200～1700	1400～1900	1600～2100
粉砂	稍密	$10<N\leqslant 15$	1000～1600	1500～2300	1900～2700	2100～3000	350～500	450～600	600～700	650～750	500～950	1300～1600	1500～1700
	中密、密实	$N>15$	1400～2200	2100～3000	3000～4500	3800～5500	600～750	750～900	900～1100	1100～1200	900～1000	1700～1900	1700～1900
细砂	中密、密实	$N>15$	2500～4000	3600～5000	4400～6000	5300～7000	650～850	900～1200	1200～1500	1500～1800	1200～1600	2000～2400	2400～2700
中砂			4000～6000	5500～7000	6500～8000	7500～9000	850～1050	1100～1500	1500～1900	1900～2100	1800～2400	2800～3800	3600～4400
粗砂			5700～7500	7500～8500	8500～10000	9500～11000	1500～1800	2100～2400	2400～2600	2600～2800	2900～3600	4000～4600	4600～5200
砾砂			6000～9500		9000～10500		1400～2000		2000～3200		3500～5000		
角砾、圆砾		$N_{63.5}>10$	7000～10000		9500～11500		1800～2200		2200～3600		4000～5500		
碎石、卵石			8000～11000		10500～13000		2000～3000		3000～4000		4500～6500		
全风化软质岩		$30<N\leqslant 50$	4000～6000				1000～1600				1200～2000		
全风化硬质岩		$30<N\leqslant 50$	5000～8000				1200～2000				1400～2400		
强风化软质岩		$N_{63.5}>10$	6000～9000				1400～2200				1600～2600		
强风化硬质岩		$N_{63.5}>10$	7000～11000				1800～2800				2000～3000		

注： 1. 砂土和碎石类土中桩的极限端阻力取值，宜综合考虑土的密实度，桩端进入持力层的深径比 h_b/d，土越密实，h_b/d 越大，取值越高。

2. 预制桩的岩石极限端阻力指桩端支承于中、微风化基岩表面或进入强风化岩、软质岩一定深度条件下极限端阻力。

3. 全风化、强风化软质岩和全风化、强风化硬质岩指其母岩分别为 $f_{rk}\leqslant 15$MPa、$f_{rk}>30$MPa 的岩石。

7.2.15 干作业挖孔桩极限端阻力标准值

表 7-15 干作业挖孔桩（清底干净，D=800mm）极限端阻力（kPa）标准值 q_{pk}

土名称		状态		
黏性土		$0.25<I_L\leqslant 0.75$	$0<I_L\leqslant 0.25$	$I_L\leqslant 0$
		800～1800	1800～2400	2400～3000
粉土		—	$0.75\leqslant e\leqslant 0.9$	$e<0.75$
		—	1000～1500	1500～2000
砂土、碎石、类土		稍密	中密	密实
	粉砂	500～700	800～1100	1200～2000
	细砂	700～1100	1200～1800	2000～2500
	中砂	1000～2000	2200～3200	3500～5000
	粗砂	1200～2200	2500～3500	4000～5500
	砾砂	1400～2400	2600～4000	5000～7000
	圆砾、角砾	1600～3000	3200～5000	6000～9000
	卵石、碎石	2000～3000	3300～5000	7000～11000

注：1. 当桩进入持力层的深度 h_b 分别为：$h_b\leqslant D$，$D<h_b\leqslant 4D$，$h_b>4D$ 时，q_{pk}可相应取低、中、高值。
2. 砂土密实度可根据标贯击数判定：$N\leqslant 10$ 为松散，$10<N\leqslant 15$ 为稍密，$15<N\leqslant 30$ 为中密，$N>30$ 为密实。
3. 当桩的长径比 $l/d\leqslant 8$ 时，q_{pk}宜取较低值。
4. 当对沉降要求不严时，q_{pk}可取高值。

7.2.16 大直径灌注桩侧阻力尺寸效应系数和端阻力尺寸效应系数

表 7-16 大直径灌注桩侧阻力尺寸效应系数 ψ_{si}、端阻力尺寸效应系数 ψ_p

土类型	黏性土、粉土	砂土、碎石类土
ψ_{si}	$(0.8/d)^{1/5}$	$(0.8/d)^{1/3}$
ψ_p	$(0.8/D)^{1/4}$	$(0.8/D)^{1/3}$

注：当为等直径桩时，表中 $D=d$。

7.2.17 桩嵌岩段侧阻和端阻综合系数

表 7-17 桩嵌岩段侧阻和端阻综合系数 ζ_r

嵌岩深径比 h_r/d	0	0.5	1.0	2.0	3.0	4.0	5.0	6.0	7.0	8.0
极软岩、软岩	0.60	0.80	0.95	1.18	1.35	1.48	1.57	1.63	1.66	1.70
较硬岩、坚硬岩	0.45	0.65	0.81	0.90	1.00	1.04	—	—	—	—

注：1. 极软岩、软岩指 $f_{rk}\leqslant$15MPa，较硬岩、坚硬岩指 $f_{rk}>$30MPa，介于二者之间可内插取值。
2. h_r 为桩身嵌岩深度，当岩面倾斜时，以坡下方嵌岩深度为准；当 h_r/d 为非表列值时，ζ_r 可内插取值。

7.2.18 后注浆侧阻力增强系数和端阻力增强系数

表 7-18　　后注浆侧阻力增强系数 β_{si}、端阻力增强系数 β_p

土层名称	淤泥 淤泥质土	黏性土 粉土	粉砂 细砂	中砂	粗砂 砾砂	砾石 卵石	全风化岩 强风化岩
β_{si}	1.2～1.3	1.4～1.8	1.6～2.0	1.7～2.1	2.0～2.5	2.4～3.0	1.4～1.8
β_p	—	2.2～2.5	2.4～2.8	2.6～3.0	3.0～3.5	3.2～4.0	2.0～2.4

注：干作业钻、挖孔桩，β_p 按表列值乘以小于 1.0 的折减系数。当桩端持力层为黏性土或粉土时，折减系数取 0.6；为砂土或碎石土时，取 0.8。

7.2.19 地基反力系数表

表 7-19　　地基反力系数表

(1) 黏性土地基反力系数按下列表值确定：

$L/B=1$

1.381	1.179	1.128	1.108	1.108	1.128	1.179	1.381
1.179	0.952	0.898	0.879	0.879	0.898	0.952	1.179
1.128	0.898	0.841	0.821	0.821	0.841	0.898	1.128
1.108	0.879	0.821	0.800	0.800	0.821	0.879	1.108
1.108	0.879	0.821	0.800	0.800	0.821	0.879	1.108
1.128	0.898	0.841	0.821	0.821	0.841	0.898	1.128
1.179	0.952	0.898	0.879	0.879	0.898	0.952	1.179
1.381	1.179	1.128	1.108	1.108	1.128	1.179	1.381

$L/B=2\sim3$

1.265	1.115	1.075	1.061	1.061	1.075	1.115	1.265
1.073	0.904	0.865	0.853	0.853	0.865	0.904	1.073
1.046	0.875	0.835	0.822	0.822	0.835	0.875	1.046
1.073	0.904	0.865	0.853	0.853	0.865	0.904	1.073
1.265	1.115	1.075	1.061	1.061	1.075	1.115	1.265

$L/B=4\sim5$

1.229	1.042	1.014	1.003	1.003	1.014	1.042	1.229
1.096	0.929	0.904	0.895	0.895	0.904	0.929	1.096
1.081	0.918	0.893	0.884	0.884	0.893	0.918	1.081
1.096	0.929	0.904	0.895	0.895	0.904	0.929	1.096
1.229	1.042	1.014	1.003	1.003	1.014	1.042	1.229

$L/B=6\sim8$

1.214	1.053	1.013	1.008	1.008	1.013	1.053	1.214
1.083	0.939	0.903	0.899	0.899	0.903	0.939	1.083
1.069	0.927	0.892	0.888	0.888	0.892	0.927	1.069
1.083	0.939	0.903	0.899	0.899	0.903	0.939	1.083
1.214	1.053	1.013	1.008	1.008	1.013	1.053	1.214

（2）软土地基反力系数按下表确定：

0.906	0.966	0.814	0.738	0.738	0.814	0.966	0.906
1.124	1.197	1.009	0.914	0.914	1.009	1.197	1.124
1.235	1.314	1.109	1.006	1.006	1.109	1.314	1.235
1.124	1.197	1.009	0.914	0.914	1.009	1.197	1.124
0.906	0.966	0.811	0.738	0.738	0.811	0.966	0.906

（3）黏性土地基异形基础地基反力系数按下列表值确定：

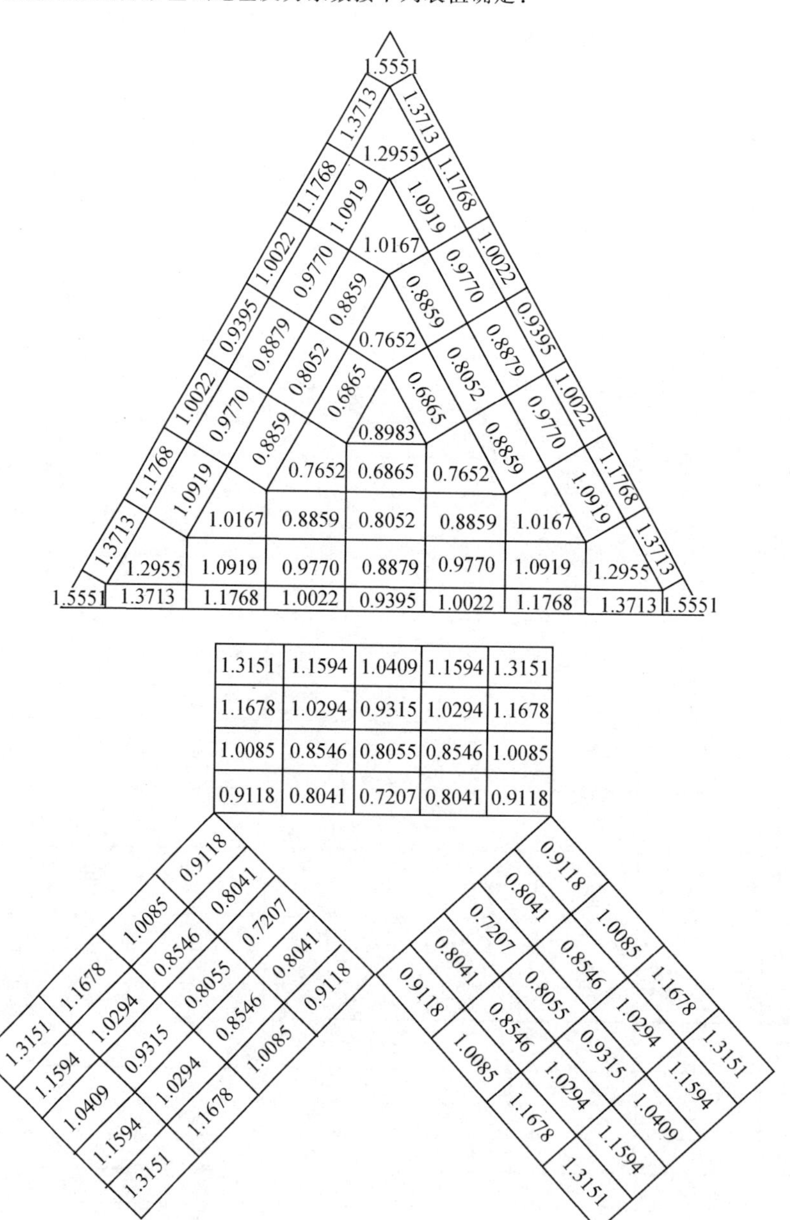

			1.4799	1.3443	1.2086	1.3443	1.4799			
			1.2336	1.1199	1.0312	1.1199	1.2336			
			0.9623	0.8726	0.8127	0.8726	0.9623			
1.4799	1.2336	0.9623	0.7850	0.7009	0.6673	0.7009	0.7850	0.9623	1.2336	1.4799
1.3443	1.1199	0.8726	0.7009	0.6240	0.5693	0.6240	0.7009	0.8726	1.1199	1.3443
1.2086	1.0312	0.8127	0.6673	0.5693	0.4996	0.5693	0.6673	0.8127	1.0312	1.2086
1.3443	1.1199	0.8726	0.7009	0.6240	0.5693	0.6240	0.7009	0.8726	1.1199	1.3443
1.4799	1.2336	0.9623	0.7850	0.7009	0.6673	0.7009	0.7850	0.9623	1.2336	1.4799
			0.9623	0.8726	0.8127	0.8726	0.9623			
			1.2336	1.1199	1.0312	1.1199	1.2336			
			1.4799	1.3443	1.2086	1.3443	1.4799			

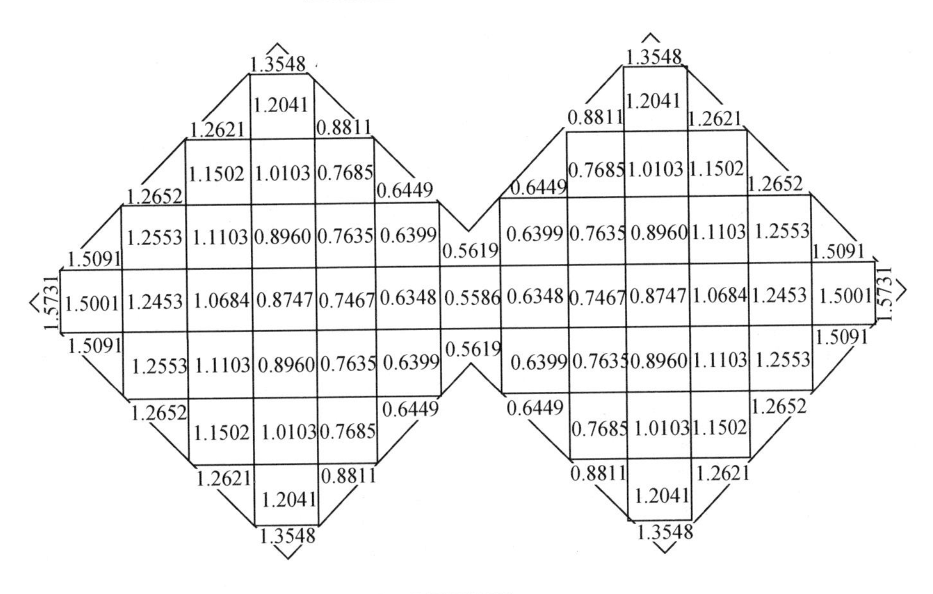

1.314	1.137	0.855	0.973	1.074				
1.173	1.012	0.780	0.873	0.975				
1.027	0.903	0.697	0.756	0.880				
1.003	0.869	0.667	0.686	0.783				
1.135	1.029	0.749	0.731	0.694	0.783	0.880	0.975	1.074
1.303	1.183	0.885	0.829	0.731	0.686	0.756	0.873	0.973
1.454	1.246	1.069	0.885	0.749	0.667	0.697	0.780	0.855
1.566	1.313	1.246	1.183	1.029	0.869	0.903	1.012	1.137
1.659	1.566	1.454	1.303	1.135	1.003	1.027	1.173	1.314

（4）砂土地基反力系数按下列表值确定：

$L/B=1$

1.5875	1.2582	1.1875	1.1611	1.1611	1.1875	1.2582	1.5875
1.2582	0.9096	0.8410	0.8168	0.8168	0.8410	0.9096	1.2582
1.1875	0.8410	0.7690	0.7436	0.7436	0.7690	0.8410	1.1875
1.1611	0.8168	0.7436	0.7175	0.7175	0.7436	0.8168	1.1611
1.1611	0.8168	0.7436	0.7175	0.7175	0.7436	0.8168	1.1611
1.1875	0.8410	0.7690	0.7436	0.7436	0.7690	0.8410	1.1875
1.2582	0.9096	0.8410	0.8168	0.8168	0.8410	0.9096	1.2582
1.5875	1.2582	1.1875	1.1611	1.1611	1.1875	1.2582	1.5875

$L/B=2\sim3$

1.409	1.166	1.109	1.088	1.088	1.109	1.166	1.409
1.108	0.847	0.798	0.781	0.781	0.798	0.847	1.108
1.069	0.812	0.762	0.745	0.745	0.762	0.812	1.069
1.108	0.847	0.798	0.781	0.781	0.798	0.847	1.108
1.409	1.166	1.109	1.088	1.088	1.109	1.166	1.409

$L/B=4\sim5$

1.395	1.212	1.166	1.149	1.149	1.166	1.212	1.395
0.922	0.828	0.794	0.783	0.783	0.794	0.828	0.992
0.989	0.818	0.783	0.772	0.772	0.783	0.818	0.989
0.992	0.828	0.794	0.783	0.783	0.794	0.828	0.992
1.395	1.212	1.166	1.149	1.149	1.166	1.212	1.395

注： 1. 各表适用于上部结构与荷载比较匀称的框架结构，地基土比较均匀，底板悬挑部分不宜超过 0.8m，不考虑相邻建筑物的影响以及满足本规范构造要求的单幢建筑物的箱形基础。当纵横方向荷载不很匀称时，应分别将不匀称荷载对纵横方向对称轴所产生的力矩值所引起的地基不均匀反力和由附表计算的反力进行叠加。力矩引起的地基不均匀反力按直线变化计算。

2.（3）中，三个翼和核心三角形区域的反力与荷载应各自平衡，核心三角形区域内的反力可按均布考虑。

主要参考文献

[1] GB 50009—2012 建筑结构荷载规范 [S]. 北京：中国建筑工业出版社，2012.
[2] JGJ 3—2010 高层建筑混凝土结构技术规程 [S]. 北京：中国建筑工业出版社，2010.
[3] JGJ 6—2011 高层建筑筏形与箱形基础技术规范 [S]. 北京：中国建筑工业出版社，2011.
[4] 吕西林．高层建筑结构 [M]. 3 版. 武汉：武汉理工大学出版社，2011.
[5] 傅学怡．实用高层建筑结构设计 [M]. 2 版. 北京：中国建筑工业出版社，2010.

图书在版编目（CIP）数据

高层建筑常用公式与数据速查手册/张立国主编．—北京：知识产权出版社，2015.1
（建筑工程常用公式与数据速查手册系列丛书）
ISBN 978-7-5130-3059-5

Ⅰ.①高… Ⅱ.①张… Ⅲ.①高层建筑—技术手册 Ⅳ.①TU97-62

中国版本图书馆 CIP 数据核字（2014）第 229670 号

责任编辑：刘　爽　祝元志　　**责任校对：**谷　洋
封面设计：杨晓霞　　**责任出版：**刘译文

高层建筑常用公式与数据速查手册
张立国　主编

出版发行：知识产权出版社有限责任公司
社　　址：北京市海淀区马甸南村 1 号
责编电话：010-82000860 转 8125
发行电话：010-82000860 转 8101/8102
印　　刷：保定市中画美凯印刷有限公司
开　　本：787mm×1092mm　1/16
版　　次：2015 年 1 月第 1 版
字　　数：230 千字
网　　址：http://www.ipph.cn
邮　　编：100088
责编邮箱：liushuang@cnipr.com
发行传真：010-82005070/82000893
经　　销：各大网上书店、新华书店及相关销售网点
印　　张：11.25
印　　次：2015 年 1 月第 1 次印刷
定　　价：35.00 元

ISBN 978-7-5130-3059-5